博碩文化

Google Office

U0086842

ChatGPT創新應用

打造無限可能的生產力　　吳燦銘 著

- 快速了解Google創新服務與工具

- 免費擁有Google雲端版的Office軟體

- 將文件、試算表和簡報安全地儲存在線上

- 與他人共同編輯文件、試算表或簡報

- 掌握Google雲端硬碟亮點、管理與使用

- ChatGPT帳號註冊與機器人更換流程

- Google文件中ChatGPT整合應用

- ChatGPT側邊欄與網頁外掛程式

- Google試算表中的ChatGPT操作實例

- 試算表中GPT函數的應用與教學

作　　者：吳燦銘

責任編輯：林楷倫

董　事　長：陳來勝

總　編　輯：陳錦輝

出　　版：博碩文化股份有限公司

地　　址：221 新北市汐止區新台五路一段 112 號 10 樓 A 棟
　　　　　電話 (02) 2696-2869　傳真 (02) 2696-2867

發　　行：博碩文化股份有限公司

郵撥帳號：17484299　戶名：博碩文化股份有限公司

博碩網站：http://www.drmaster.com.tw

讀者服務信箱：dr26962869@gmail.com

訂購服務專線：(02) 2696-2869 分機 238、519

（週一至週五 09:30 ～ 12:00；13:30 ～ 17:00）

版　　次：2023 年 12 月初版一刷

建議零售價：新台幣 560 元

I S B N：978-626-333-683-4

律師顧問：鳴權法律事務所 陳曉鳴律師

本書如有破損或裝訂錯誤，請寄回本公司更換

國家圖書館出版品預行編目資料

Google Office 與 ChatGPT 創新應用：打造無
限可能的生產力 / 吳燦銘著 . -- 初版 . -- 新
北市：博碩文化股份有限公司，2023.12

面；　公分

ISBN 978-626-333-683-4(平裝)

1.CST: 文書處理 2.CST: 電腦程式 3.CST: 人
工智慧

312.49　　　　　　　　　　　112019920

Printed in Taiwan

博碩粉絲團　歡迎團體訂購，另有優惠，請洽服務專線
　　　　　　(02) 2696-2869 分機 238、519

序
PREFACE

在網路的世界中，Google 的雲端運算平台最為先進與完備，所提供的應用軟體包羅萬象，統稱 Google 應用程式。除了能在線上製作簡報、試算表、文件等各種類型的辦公文件外，還有搜尋、電子郵件、地圖、雲端硬碟、地球、日曆、相簿、翻譯…等，每一項工具都可以有效率的幫助大家完成各種工作。由於 Google 好用而且是免費的，學會 Google 相關的應用軟體使用將可強化個人的競爭能力。

綜觀各類的應用軟體，其中辦公室軟體的應用領域相當廣，不論是文件製作、試算表資料分析、專業商務簡報…等，都是每一位學生或社會人士，非常仰賴的工作。基於滿足許多人士在辦公室軟體的使用需求，Google 公司提供雲端版的 Office 軟體，可以讓使用者以免費的方式，透過瀏覽器將文件、試算表和簡報安全地儲存在線上，並從任何地方進行編輯，還可以邀請他人檢視文件、試算表或簡報，並共同編輯內容。

本書的架構相當完整，在內容上除了第一章的「Google 創新服務與工具」會摘要介紹 Google 服務，其它各章節會依軟體功能性依序介紹 Google 文件、Google 試算表及 Google 簡報等單元。而第 13 章則為您介紹「24 小時不打烊的 Google 雲端硬碟」的強大功能。在最後一章則加入了「Google 文件與試算表串接 ChatGPT 實務」主題，並深入探討如何將 ChatGPT 與 Google 文件及試算表結合，從註冊 ChatGPT 帳號開始，到安裝專為 Google 設計的 ChatGPT 擴充工具，並輔以豐富的實例說明如何在文件和試算表中運用 GPT 函數來優化工作流程，使資料處理更加高效。為了提高閱讀性，本書各項功能的介紹會以實作為主，功能說明為輔。各章精彩內容如下：

- Google 創新服務與工具
- 文件編輯與格式設定
- 圖文並茂的文件

- 表格繪製與美化
- 地址標籤合併列印
- 試算表資料的輸入與編輯
- 公式與函數應用
- 資料庫管理與圖表
- 資料透視表建立與編輯
- Google 簡報基礎與教學技巧
- 多媒體動態簡報播放秀
- 製作流程圖、表格與圖表
- 24 小時不打烊的 Google 雲端硬碟
- Google 文件與試算表串接 ChatGPT 實務

本書介紹的筆法循序漸近，並輔以步驟及圖說，期望大家降低閱讀的壓力，輕鬆掌握 Google 文件、試算表與簡報使用的要訣，同時能夠學以致用。雖然本書編輯過程中，力求正確無誤，但恐有疏漏不足之處，尚請教師、讀者及先進們不吝指教。

目錄
CONTENTS

02 文件編輯與格式設定

03 圖文並茂的文件

04 表格繪製與美化

05　地址標籤合併列印

06　試算表資料的輸入與編輯

07 公式與函式應用

08 資料庫管理與圖表

09　資料透視表建立與編輯

(12) 製作表格、圖表與流程圖

(13) 24 小時不打烊的 Google 雲端硬碟

⑭ Google 文件與試算表串接 ChatGPT 實務

Google 創新服務與工具

Google

隨著網路技術和頻寬的發達，雲端運算已經被視為下一波科技產業的重要商機，或者可以看成將運算能力提供出來作為一種服務。簡單來說，雲端運算就是利用分散式運算的觀念，將終端設備的運算分散到網路上眾多的伺服器來幫忙，變成一個超大型電腦，只要跟雲端連上線，就可以存取這一部超大型雲端電腦中的資料及運算功能。

隨著網際網路（Internet）的興起與蓬勃發展，網路的發展更朝向多元與創新的趨勢邁進，所謂「雲端」其實就是泛指「網路」，希望以雲深不知處的意境，來表達無窮無際的網路資源，更代表了規模龐大的運算能力。與過去網路服務最大的不同就是「規模」。雲端運算（Cloud Computing）是一種基於網際網路的運算方式，已經成為下一波電腦與網路科技的重要商機，或者可以看成將運算能力提供出來作為一種服務。

1-1 雲端運算的應用

　　所謂雲端運算的應用，其實就是「網路應用」，如果將這種概念進而衍伸到利用網際網路的力量，讓使用者可以連接與取得由網路上多台遠端主機所提供的不同服務，就是「雲端服務」的基本概念。隨著個人行動裝置正以驚人的成長率席捲全球，成為人們使用科技的主要工具，不受時空限制，就能即時能把聲音、影像等多媒體資料直接傳送到電腦、平板行動裝置上，也讓雲端服務的真正應用達到了最高峰階段。

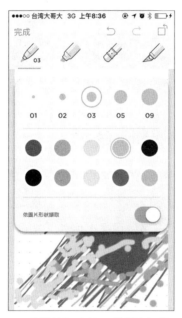

🔺 Evernote 雲端筆記本是目前很流行的雲端服務

　　雲端服務還包括許多人經常使用 Flickr、Google 等網路相簿來放照片，或者使用雲端音樂讓筆電、手機、平板來隨時點播音樂，打造自己的雲端音樂台；甚至於透過免費雲端影像處理服務，就可以輕鬆編輯相片或者做些簡單的影像處理。

▲ Pixlr 是一套免費好用的雲端影像編輯軟體

1-1-1　Google 雲端服務平台

Google 的雲端運算平台最為先進與完備，最初 Google 開發雲端運算平台是為了能把大量廉價的伺服器集成起來、以支援自身龐大的搜尋服務，最簡單的雲端運算技術在網路服務中已經隨處可見，例如「搜尋引擎、網路信箱」等，進而通過這種方式，共用的軟硬體資源和資訊可以按需求提供給電腦各種終端和其他裝置。Google 執行長施密特（Eric Schmidt）在演說中更大膽的說：「雲端運算引發的潮流將比個人電腦的出現更為龐大！」。

Google 所提供的應用軟體包羅萬象，統稱 Google Apps。由 Google 地圖、Google 翻譯、Google 地球、Google 相簿、Google 日曆、Google Keep、Google 雲端硬碟、Google 文件、Google 試算表、Google 簡報、Google Classroom、Google Meet、Gmail…等應用程式所組成。

1-2 Google 帳戶申請

「Google 帳戶」是一種整合的登入系統,您可以免費建立和使用「Google 帳戶」。當您申請了 Google 帳戶,就可以使用下列服務:免費的 Google 產品,例如:Gmail、Google Meet、Google 文件、Google 試算表、Google 簡報…等。

🔺 Google 簡報

你可透過 Google 帳戶使用多項 Google 產品，有了 Google 帳戶，你可以執行下列操作：使用 Gmail 收發電子郵件、從 Google Play 下載應用程式、在 YouTube 上尋找你喜愛的影片，如果您曾經使用過上述任何一項產品，您就有一個「Google 帳戶」。 若要試用新的 Google 產品，只要使用現有的「Google 帳戶」登入即可。申請 Google 帳戶，只要造訪帳戶建立網頁（https://www.google.com/intl/zh-TW/account/about/），並按下「建立帳戶」、然後輸入您目前的電子郵件地址並選擇密碼即可。

https://www.google.com/intl/zh-TW/account/about/

當各位按下上圖中的「建立帳戶」超連結，會進入下圖網頁，然後輸入您目前的電子郵件地址並選擇密碼即可。為了保護您的「Google 帳戶」和個人資訊，密碼的強度就顯得非常重要，所以強烈建議您選擇安全強度高的密碼。「Google 帳戶」密碼應該至少包含 8 個字元，使用數字、標點符號及大小字母穿插組合，最好不要使用常用詞彙。另外，建議您不要重複使用與您的電子郵件或任何其他帳戶相關的密碼。

一旦完成註冊，您會收到一封驗證電子郵件。按一下該電子郵件中的連結即可完成帳戶建立程序。

1-3 Google Chrome 簡介

Google 是各位上網搜尋生活大小事必備的工具之一，不論是使用家用電腦或是行動裝置，透過 Google Chrome 的強大智慧功能，就可以快速完成各項工作。這一章節我們將針對 Google Chrome 瀏覽器和 Google 搜尋技巧做說明，讓這個全方位的瀏覽器成為你生活的最佳助手。

各位要使用 Google 的各項功能，首先必須先有 Google 帳戶，電腦上也要安裝 Google Chrome 瀏覽器才行。當各位安裝 Google Chrome 並登入個人的 Google 帳戶後，Google Chrome 瀏覽器的右上角就會顯示你的帳戶圖示。如果你有多個帳戶想要進行切換或是進行登出，都是由右上角的圓鈕進行切換。如下圖所示：

擁有 Google 帳戶者，除了可以使用 Google Chrome 瀏覽器外，還能啟用各項的服務，在右上角按下 ⠿ 鈕就可以看到搜尋、地圖、Gmail、聯絡人、雲端硬碟、翻譯、YouTube…等包羅萬象的各項服務。

1-3-1　我的搜尋關鍵字

要在 Google Chrome 瀏覽器上進行搜尋是件很簡單的事，只要在搜尋框中輸入想要搜尋的字詞，按下「Enter」鍵或「Google 搜尋」鈕，就能自動顯示是搜尋的結果。

Google Chrome 也可以直接在網址列上輸入搜尋的關鍵字喔！

由搜尋框中輸入想要搜尋的字詞

而搜尋的過程中，Google 會貼心地將相關詞語顯示在下拉式的清單中，各位不必等到整個查詢的字詞都輸入完畢，就可以快速從清單中選擇要查詢的資料。另外，Google 會將關聯性較大的搜尋結果優先顯示，以方便搜尋者依序找尋資料。

1-3-2　加入我的書籤

　　對於經常瀏覽的網頁，各位不妨將它們儲存在我的書籤當中，那麼以後只要點選書籤中的網站名稱，就可以快速連結並開啟該網站畫面，相當快速又便利。

❸ 確認名稱後，按此鈕完成　　❷ 按下此鈕

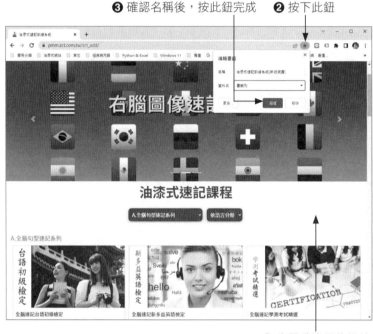

❶ 先開啟常用的網站

1-3-3　設定喜歡的起始畫面

　　要讓 Google Chrome 瀏覽器在每次開啟時，就能顯示特定的網站或搜尋頁面，以方便你快速進入，那麼你可以自行設定起始畫面。請由 ⋮ 鈕下拉選擇「設定」指令，找到「起始畫面」的區塊後點選「開啟某個特定網頁或一組網

頁」，接著按下「新增網頁」的連結，把你期望顯示的網站網址輸入，即可看到設定的網站名稱與網址。如下圖所示：

設定完成後，下回你開啟 Google Chrome 瀏覽器時，就會自動顯示剛剛所新增的網站首頁。而新增的起始畫面如果需要進行變更，可以在原先設定的網址後方按下 ⋮ 鈕，就會出現「編輯」或「移除」的選項讓你進行變更。

1-3-4　無痕式的私密瀏覽

在公用的場所使用電腦，或是想要在瀏覽網頁內容後不留下任何的紀錄，那麼可以考慮新增無痕式視窗。請在 Google Chrome 右上角按下 ⋮ 鈕，接著下拉選擇「新增無痕式視窗」指令，就會顯示如圖視窗，告知你已進入無痕模式。進入此模式後，其他使用者並不會看到你的瀏覽紀錄，因為 Google Chrome 不會儲存 Cookie 和網站資料，也不會儲存你在表單中所輸入的資訊，但是你下載的內容或是新增的書籤仍會保留下來。

1-3-5 清除瀏覽資料

除了利用「新增無痕式視窗」功能，讓瀏覽網頁的紀錄不被保留下來外，你也可以自行清除瀏覽的紀錄。請由右上角按下 ⋮ 鈕，下拉選擇「記錄 / 記錄」指令，就會進入「歷史記錄」的頁面，按下左側的「清除瀏覽資料」鈕，接著在開啟的視窗中設定清除的時間範圍，你可以選擇過去 1 小時、24 小時、7 天、4週、或是不限時間，設定之後點選「清除資料」鈕，就會依照設定範圍進行清除。

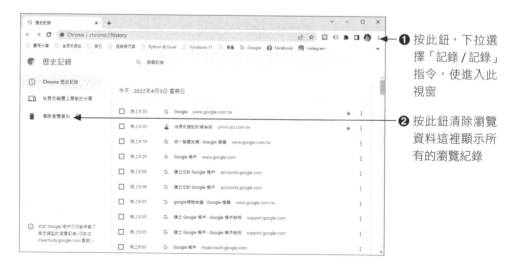

❶ 按此鈕，下拉選擇「記錄 / 記錄」指令，使進入此視窗

❷ 按此鈕清除瀏覽資料這裡顯示所有的瀏覽紀錄

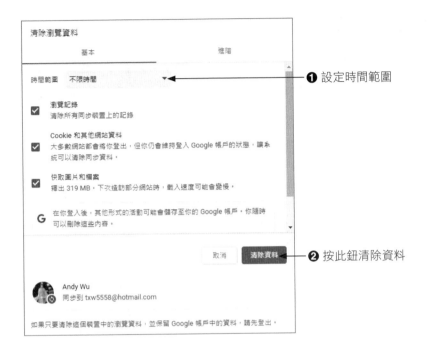

❶ 設定時間範圍

❷ 按此鈕清除資料

1-4 Google 搜尋關鍵攻略

　　各位想要從浩瀚的網際網路上,快速且精確的找到需要的資訊,其中「搜尋引擎」便是各位的最好幫手,目前網路上的搜尋引擎種類眾多,而 Google 憑藉其快速且精確的搜尋效能脫穎而出,奠定其在搜尋引擎界的超強霸主地位。在 Google 上進行搜尋是件非常簡單的事,只要在搜尋框中輸入想要搜尋的字詞,然後再按下「Enter」鍵就會自動顯示搜尋的結果。其實 Google 的搜尋功能不只這樣而已,你還可以指定多種搜尋條件,讓搜尋的結果更符合你的需求,你也可以進行圖片的搜尋或語音的搜尋。所以這一小節將深入和各位探討 Google 的搜尋技巧,讓你成為搜尋資料的高手。

1-4-1 布林運算搜尋

Google 的布林運算搜尋語法包含「+」、「-」和「OR」等運算子,也是一般使用者經常會使用的基本功能。使用的語法不同,則顯示的搜尋結果也會有所差異。

📹 使用「+」或「空格」

搜尋時必須輸入關鍵字,例如:要搜尋有關「洋基隊王建民」的資料,「洋基隊王建民」即為關鍵字。如果想讓搜尋範圍更加廣泛,可以使用「+」或「空格」語法連結多個關鍵字。

📹 使用「-」

如果想要篩選或過濾搜尋結果,只要加上「-」語法即可。例如:只想搜尋單純「電話」而不含「行動電話」的資料。

🎥 使用「OR」

使用「OR」語法可以搜尋到每個關鍵字個別所屬的網頁,是一種類似聯集觀念的應用。以輸入「東京 OR 電玩展」搜尋條件為例,其搜尋結果的排列順序為「東京」、「電玩展」、「東京電玩展」。

🎥 使用「""」

使用「""」進行關鍵字搜尋時,這種情況下搜尋引擎只會找和關鍵字完全吻合的搜索結果,因此如果各位在進行關鍵字搜尋時,如果利多加運用雙引號「""」來括住關鍵字,就可以幫助各位更加精準找到自己所期待的搜尋結果。

1-4-2 圖片搜尋利器

Google 的圖片資料庫相當多,幾十億的相片只要以關鍵字進行搜尋,就能快速找到合適的相片。想要尋找圖片時,請由 Google Chrome 右上角按下「圖片」的文字連結,就會顯示圖片搜尋引擎。

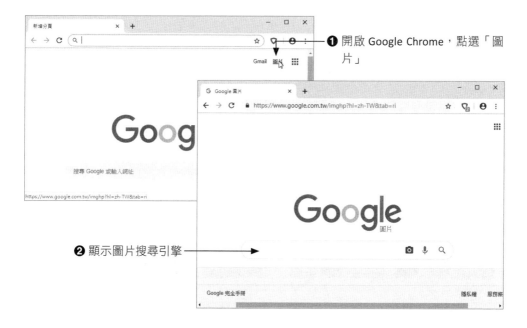

❶ 開啟 Google Chrome,點選「圖片」

❷ 顯示圖片搜尋引擎

例如筆者在圖片搜尋列上輸入「向日葵」的關鍵字,即可找到如下的各種向日葵圖片。搜尋時還可以篩選圖片的類型、大小、顏色、使用權限…等,讓圖片更符合你的需求。請按下搜尋列下方的「工具」鈕,就能顯示篩選的項目。

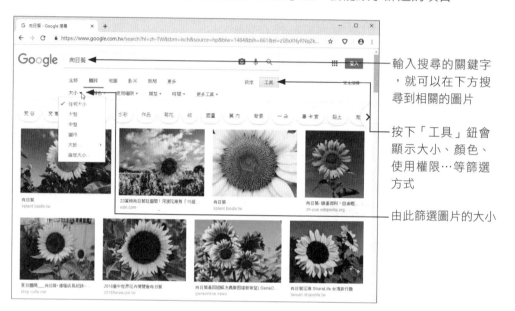

輸入搜尋的關鍵字,就可以在下方搜尋到相關的圖片

按下「工具」鈕會顯示大小、顏色、使用權限…等篩選方式

由此篩選圖片的大小

1-4-3 進階搜尋圖片

除了以「工具」鈕來篩選圖片外,按下「設定」鈕還可進行進階搜尋,讓你一次就將所有的條件列出,以便縮小搜尋的範圍。

❶ 按「設定」鈕

❷ 下拉選擇「進階搜尋」

❶ 設定所有搜尋的
條件

❷ 按此鈕進階搜尋

1-4-4 圖片反向搜尋資料

有時候手邊只有相片資料，卻不知道該相片的任何資訊，那麼可以利用
Google 來幫你做解答，它會為你找到相關的網頁和圖片讓你進行確認。使用方
式很簡單，請在「Google 圖片」的搜尋列中按下「以圖搜尋」 📷 鈕，當出現如
下視窗時切換到「上傳圖片」的標籤，按下「選擇檔案」鈕上傳你要搜尋的圖
片，就可以查詢到相關的網頁和看起來相似的圖片。

完成如上的工作後，Google 就會為你在眾多的網頁和圖片中找到相關資料。如下圖所示便是搜尋的結果。

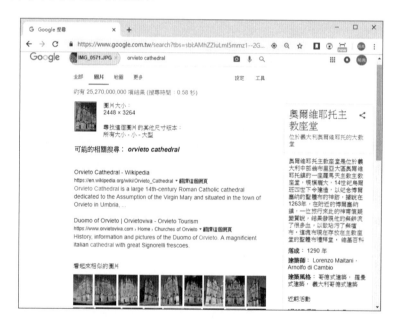

Google 也支援以圖搜尋的方式，各位也可以試著用滑鼠按住圖片，直接將圖片拖曳至搜尋框，就可以體驗出用圖片搜尋 Google 的強大功能。

1-4-5 影片搜尋私房技巧

搜尋圖片時，只要運用關鍵字、進階搜尋設定，或是搭配「工具」鈕，就可以快速篩選出所需的圖片，影片搜尋也不例外。當各位在搜尋列輸入關鍵的影片文字後，由下方切換到「影片」就可以看到相關的影片。你一樣可以透過「工具」鈕和「設定」鈕來篩選影片的條件。

❶ 先輸入關鍵字搜尋

❷ 切換到「影片」就可以看到搜尋的影片

「工具」鈕所提供的篩選項目

此外，在這個影音內容為主流的時代，影音的動態視覺傳達可以快速抓住使用者的目光。目前 Google 也支援用戶直接以關鍵字搜尋的方式，快速在該支影片內容相關的片段資訊找到與關鍵字相符合的特定片段。簡單來說，Google 允許各位在 YouTube 影片中直接透過關鍵字找到該影片的特定片段，不過這項新功能只限於英文版的 Google 搜尋。

1-4-6 搜尋特定網站資料

當各位只想在學術網站、社團法人、或是特定政府單位內進行特定資料或開放資料（Open Data）的搜尋，那麼可以利用「site:」來指定相關的網站或網域。通常「site:」後方的關鍵網址並不需要輸入「http://」，只要直接輸入網址來指定即可。例如：想搜尋榮欽科技在博碩文化出版社的相關資訊，那麼可以輸入「榮欽科技 site:www.drmaster.com.tw」來進行搜尋。

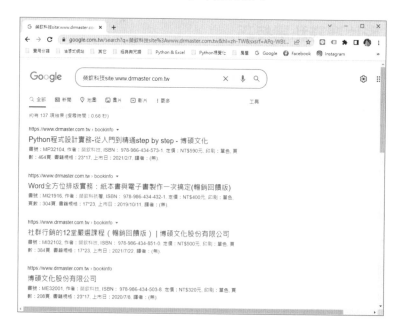

TIPS

開放資料（Open Data）於世界各地已成為政府及網路圈的顯學，就是一種開放、免費、透明的資料，並且不受著作權、專利權所限制，任何人都可以自由使用和散佈。近來政府推行開放資料不遺餘力，不僅設立了「政府資料開放平臺」，各個縣市政府及單位也分別設立了「Open Data」網站供民眾使用，例如交通部中央氣象局開放資料平臺、台北市政府資訊開放平台…等，這些開放資料通常會以開放檔案格式如 CSV、XML 及 JSON 等格式，提供使用者下載應用。

1-4-7 Google 學術搜尋

Google 學術搜尋是一個可以免費搜尋學術文章的網路搜尋引擎，可讓使用者可以檢索特定的學術文獻、或是學術單位的論文、報告、期刊…等文件。要想查到可靠的學術訊息及世界各地出版的學術期刊，就可以倚靠 Google 學術搜尋。Google 學術搜尋的網址為：scholar.google.com.tw

❶ 輸入 Google 學術搜尋的網址

❷ 輸入關鍵字

❸ 按下「搜尋」鈕開始搜尋

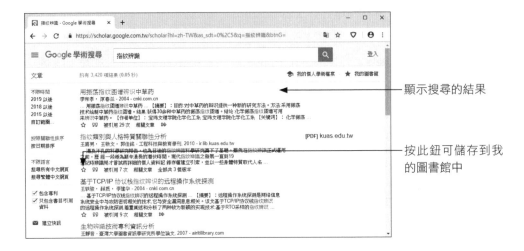

顯示搜尋的結果

按此鈕可儲存到我的圖書館中

在搜尋的結果中,各位可以從左側找到較新的學術文章,也可以指定搜尋繁體中文網頁,如果找到所需的參考文件,可以按下文件下方的 ☆ 鈕,使其儲存到我的圖書館中。

點選右上角的「我的圖書館」,就可以檢視所儲存的文件

1-4-8 搜尋最夯新聞

每天的新聞事件何其多,各大入口網站也有提供豐富的新聞資訊給各位參考。除了國內每日的焦點新聞事件外,舉凡國際性新聞、商業、科學與科技、娛樂、體育、健康等各類新聞也都能看到,也能自訂想要觀看的新聞類別,讓新聞的接收更符合個人需求。

由 Google 右上角按下 ⊞ 鈕並下拉選擇「新聞」，進入 Google 新聞後，左側有各種類別的頭條新聞供各位參考，也可以輸入關鍵字來搜尋特定新聞。

❶ 按此鈕

❷ 點選「新聞」

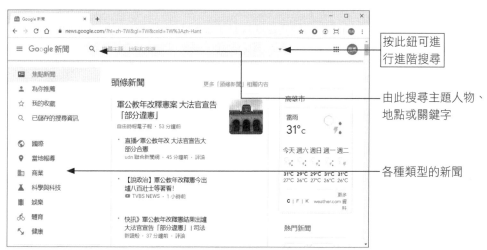

按此鈕可進行進階搜尋

由此搜尋主題人物、地點或關鍵字

各種類型的新聞

1-4-9 快速鎖定搜尋範圍

各位可能有留意到，當我們在搜尋資料時，所搜尋到的結果常會有過時或是錯誤的資訊，例如我們想找一間台北飯店，當我們輸入關鍵字「台北飯店」時，可能會找到許多不符合自己期待的資料，這種情況下就可以考慮採用兩個點點「..」的符號，來快速鎖定搜尋範圍，所搜尋的結果就更能精準地接近自己期待的結果。

例如疫情解封後，想找一間台北內湖到南港這個區域的飯店，只要在搜尋欄輸入「台北飯店 內湖 .. 南港」，就能縮小並且快速搜尋到內湖到南港這個範圍的台北飯店，兩個點點「..」的符號，可以把搜尋範圍進行指定，自然而然，所得到的搜尋結果就更加符合自己原先所設定的搜尋條件，只要善加利用這項快速鎖定搜尋範圍的搜尋小密技，絕對可以幫助各位將搜尋功能發揮到最極致。

1-4-10　利用「intitle」針對標題進行搜尋

輸入『intitle』關鍵字搜尋技巧可以協助各位查詢標題有指定關鍵字的頁面，如此一來該文章標題有包括這個關鍵字，找到的內容就更有機會符合自己需求的文章。如果各位沒有利用『intitle』關鍵字搜尋技巧，會導致只要頁面中有出現所設定的關鍵字，都會全部出現在搜尋結果的頁面中。

1-5 Google 創新服務

　　Google 提供了各種搜尋方法來幫助各位從超級網路的資料庫精準而快速挖出需要的資訊外，Google 也貼心地提供了許多創新的服務功能。例如 Google 翻譯。

🔺 Google 的免費翻譯服務提供中文和其他上百種語言的互譯功能

本節中我們還要特別介紹幾種耳熟能詳的創新服務功能，相信這些功能所帶來的創意與方便性，會讓各位眼睛為之一亮。

1-5-1　Google 地圖

這是 Google 所提供的新服務功能，只要各位以地址輸入關鍵字的方式，就能尋找商家、查尋地址、或是感到興趣的位置。您可以採用地圖、衛星、或是地形等方式來檢視搜尋的位置，也可以將地圖放大或縮小檢視，而搜尋的結果也可以列印、或是以 mail 方式傳送給親朋好友，功能相當的完善。

例如下圖就是於 Google 地圖的輸入框，輸入查詢的關鍵字「臺灣大學」，接著按下「搜尋」鈕，就可以快速找到「臺灣大學」附近的鄰近的商家、機關或學校等網站資訊。

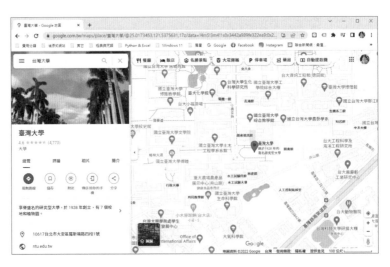

如果是想看衛星的空拍圖，請您直接切換到「衛星」畫面就可以看到：

1-5-2　Google 地球

「Google 地球」軟體可以檢視地球上高解析度的衛星圖像、3D 建築物、地形圖、街道圖、相片…等，甚至到天際中探索星系，要使用這項功能必須先下載和安裝「Google 地球」。下圖為啟動「Google 地球」後的主視窗外觀：

1-5-3　Google 雲端硬碟

　　Google 雲端硬碟提供一個安全可靠的平台，讓你在各種裝置上隨時隨地安全儲存和存取近期檔案及重要檔案，還能和其他人共用檔案和資料夾並設定存取權，邀請其他人查看你的檔案或資料夾，並且編輯或加上註解。另外，Google 雲端硬碟也允許在離線狀態下隨時隨地查看自己的內容：

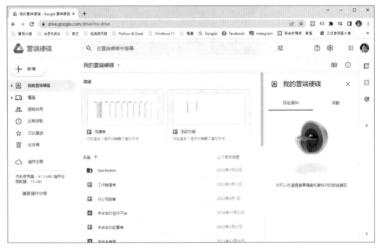

🔺 Google 雲端硬碟可讓你在各種裝置上備份及存取檔案

1-5-4　Google AdWords 的廣告效果

　　想要增加公司的業績嗎？透過 Google AdWords，還可以為您的業務製作廣告來線上宣傳。您可以建立廣告，並挑選與您的業務相關的字詞或詞組做為關鍵字。無論您有多少預算，您都可以在 Google 和 Google 的廣告聯盟網站上刊登廣告。當有人點擊您的廣告時，您才需要支付廣告費。

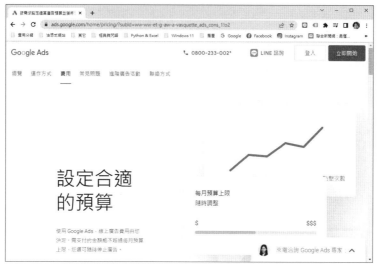

🔺 Google AdWords 是公司業務推廣新利器

1-5-5 超實用的 Gmail 郵件

早期電腦網路不發達的時候，人與人之間的書信往返皆透過紙張郵寄或傳真，不僅費時、成本高，同時紙張也不易管理。而電子郵件的興起則改變了以往人們使用書信或電話的連絡方式，最重要的是在傳送或接收時間、費用和資料管理上，都有大幅顯著的改善和提升。Gmail 就是一種 Google 所推出的新型態網頁電子郵件，提供了超大量的免費儲存空間，您不用擔心硬碟空間不足，而花很多時間刪除郵件。同時，由於 Gmail 使用 Google 獨創的技術，還可以輕易擋下垃圾郵件。

1-6 免費雲端 Google 文件、試算表及簡報

Google 公司所提出的雲端 Office 軟體概念，稱為 Google 文件軟體（Google docs），可以讓使用者以免費的方式，透過瀏覽器及雲端運算來編輯文件、試算表及簡報。將檔案儲存在雲端上還有另外一個好處，那就是你能從任何設有網路連線和標準瀏覽器的電腦，隨時隨地變更和存取文件，也可以邀請其他人一起共同編輯內容，相當便利。

要建立第一份 Google 文件，只要擁有與登入您的 Google 帳戶，接著選擇您要建立的文件類型或上載現有的檔案，當您上載這些檔案格式的文件，不必擔心格式設定和公式會有所變動。

　　當各位建立好文件檔案後，您只需要瀏覽器。您的文件、試算表和簡報會安全地儲存在線上，您可以從任何地方進行編輯，也可以邀請其他人檢視您的文件、試算表或簡報，並一起共同編輯內容。

⬤利用 Google 簡報建立專業行銷的簡報

　　各位是否有注意到，以往在本機端電腦編輯好的文件，必須利用區域網路或電子郵件傳送給其他人員檢視或修改，如果要協力合作編輯，還得透過追蹤修訂的功能，才可以達到協力共同創作。這中間的過程，如果人員過多，通常會造成大量的文件傳送或產生文件修改不同步的問題。

　　現在利用雲端概念的「Google 文件」網站服務，可以將編輯好的文件，邀請他人共用此文件。也就是說，您可以讓許多人同時檢視和進行編輯文件、試算表或簡報。如果要邀請他人共用文件時，只要輸入電子郵件地址，並傳送邀請給他們即可。當某人被邀請進行編輯或檢視的人只要登入，就可以馬上存取您的文件、試算表或簡報。

△可以設定文件與使用者和群組共用

1-6-1　Google 文件

　　所謂的「文件」，通常是指公文書信或是文章，現今網路時代，文件指的則是「檔案」，特別是利用文書處理軟體所製作的文件檔，這些文件的製作大都仰賴文書處理軟體來編輯，像是記事本、Word Pad、Microsoft Word 等，然而現在 Google 提供了免費的文件處理軟體，只要你能連上 Google 網站就可以開始編輯文件，不管是格式的設定、圖片的加入、表格的處理，各位都可以輕鬆做到。

在雲端進行教學，老師們也自然的開始使用 Google「文件」進行文書的處理。因為只要上網登錄個人的 Google 帳號，就可以擁有 Office 辦公室軟體的基本功能，而且 Google 的「文件」軟體是免費使用的，透過瀏覽器就可以編輯文件，而文件儲存在雲端的好處是你能從任何有網路連線和標準瀏覽器的電腦，隨時隨地都可以變更和存取文件，不管是格式的設定、圖片的加入、表格的處理都可以輕鬆做到，還可以邀請其他人一起共同編輯內容。

1-6-2　Google 試算表

現代人的生活可以說跟數字息息相關，從公司的財務報表、資產負債表、家庭預算計劃與學生成績統計…等，每天都必須處理數字資料與金融資訊。「試算表」是一種表格化的計算軟體，能夠以行和列的格式儲存大量資料，幫助使用者進行繁雜的資料計算和統計分析，以製作各種複雜的電子試算表文件，而 Google 試算表是一套免費的雲端運算軟體，使用者可透過瀏覽器檢視、編輯或共同處理試算表資料，不僅完全免費，而且所有運算及檔案儲存都在雲端的電腦完成。

利用雲端版的 Google 建立試算表後，不僅可以提供個人進行試算表的應用與編輯，還可以透過「共用」功能提供給親朋好友，只要移動到想要建立連結的工作表，複製網址欄中的網址，然後將連結傳送給具存取權的給檢視者或編輯者即可。

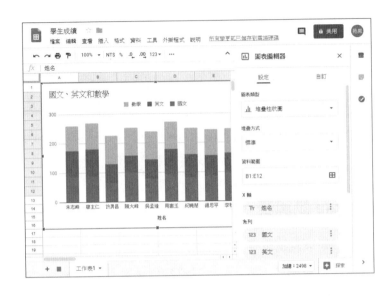

1-6-3 Google 簡報

簡報經常被應用在商場、職場、學術、生活上,目的是讓聽眾能夠認可您的想法,進而購買產品、獲得新知、或是得到標案。簡報也可以當作是個人行銷的工具,諸如:畢業學生找尋工作,可以透過簡報來介紹個人的學經歷與專長,加上個人作品的介紹與串接,也可以聲光俱現的方式來加深雇主的印象。這是因為它能結合文案綱要、表格、圖片、繪圖、視訊…等多項元素,透過這些元素的綜合運用,來完整表達演講者的意念或思想。

文件編輯與格式設定

Google

　　要使用 Google 文件來進行教學並不困難，因為它的操作方式和一般的文書處理軟體雷同，只不過是透過雲端來編輯文件而已，老師只要會從瀏覽器上開啟 Google「文件」的應用程式，就可以進行教材的準備。這個章節我們將針對老師比較會用到的功能做說明，即使應用軟體不熟悉的老師也可以輕鬆上手，加快文件編輯的速度和教材的準備。

2-1 Google 文件基礎操作

　　當各位開啟 Google Chrome 瀏覽器後，由視窗右上角按下「Google 應用程式」 ⊞ 鈕，就可以看到「文件」的圖示，點選該圖示即可啟動該應用程式。

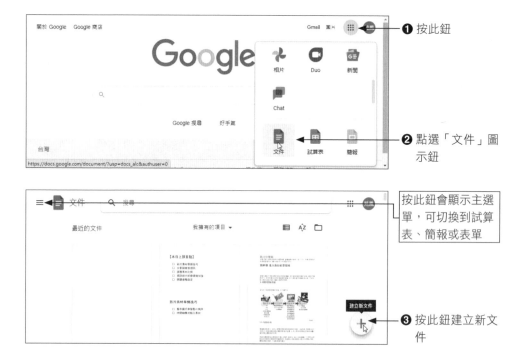

❶ 按此鈕

❷ 點選「文件」圖示鈕

按此鈕會顯示主選單，可切換到試算表、簡報或表單

❸ 按此鈕建立新文件

2-1-1 建立 Google 新文件

在「文件」首頁畫面中,各位可以在右下角按下 ⊕ 鈕,就會進入「未命名文件」,如果視窗中已有編輯的文件,想要重新建立一個新文件,可從「檔案」功能表下拉選擇「新文件」指令,再從副選項中選擇文件、試算表、簡報、表單、繪圖。

「檔案/新文件」所提供的文件類型

2-1-2 介面基礎操作

預設的文件並未命名,為了方便管理檔案,可在左上角按下「未命名文件」,這樣就可以重新命名,命名後你所執行的任何動作指令就會被儲存下來。文件的操作介面很簡潔,除了檔案名稱、功能表列、工具列外,下方便是各位編輯文件的地方。

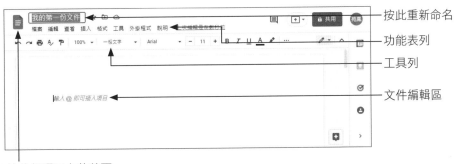

按此重新命名

功能表列

工具列

文件編輯區

按此鈕返回文件首頁

2-1-3 善用「語音輸入」工具編撰教材

對於平常少用電腦的老師來說，要將課程內容數位化是件苦差事，因為鍵盤的不熟練，光是打字可能就要耗費許多的精力，如果老師會使用「文件」中的「語音輸入」工具，就可以省下許多打字的功夫。

很多筆記型電腦都有內建麥克風的功能，如果是桌上型電腦，必須先將麥克風與電腦連接，然後執行「工具／語音輸入」指令開啟麥克風功能，按下麥克風按鈕，Google 文件就會自動把各位說的話顯示在文件當中。

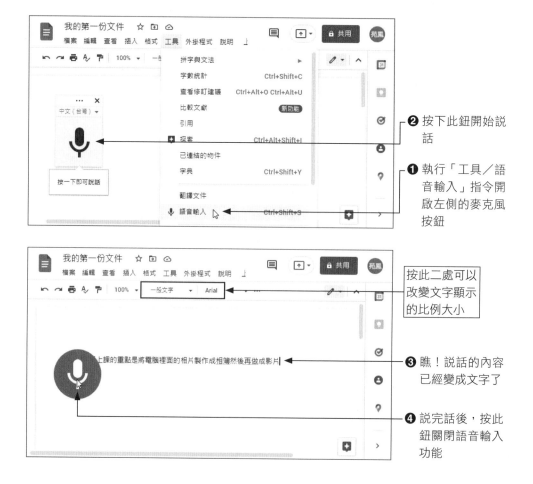

❷ 按下此鈕開始說話

❶ 執行「工具／語音輸入」指令開啟左側的麥克風按鈕

按此二處可以改變文字顯示的比例大小

❸ 瞧！說話的內容已經變成文字了

❹ 說完話後，按此鈕關閉語音輸入功能

語音轉成文字後，只要透過「工具列」將「一般文字」變更為「標題」，或是縮放文字的顯示比例，如此一來，老師以「分頁」方式分享螢幕，學生都可以清楚看見文件中所顯示的內容。

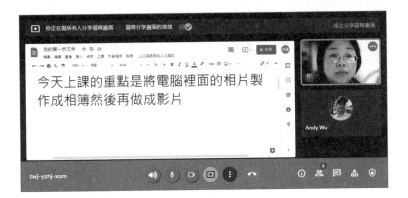

2-1-4 切換輸入法與插入標點符號

老師在 Google 文件上所編輯的內容都會自動儲存在雲端上，所以不用特地做存檔的動作，只要在文件編輯區域中設定文字的插入點，即可透過語音輸入或文字輸入的方式來編輯文件內容。

Google 文件的輸入法有注音、漢語拼音、倉頡、中文（繁體）等方式，由「工具列」按下「更多」 ••• 鈕，再點選「選取輸入工具」 ✎ ▾ 就可以設定慣用的輸入方式，其中點選「中文（繁體）」的選項將會顯現常用的標點符號讓各位選擇插入。

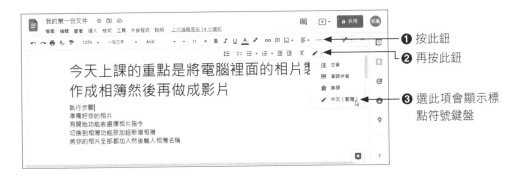

❹ 點選圖示鈕就可
加入標點符號

各位不妨將輸入法切換到「中文（繁體）」，如此一來既可以注音輸入文字，也可以隨時按點圖鈕來加入標點符號。

2-1-5 插入特殊字元與方程式

文件中如果需要插入各類型的符號、箭頭、數學符號、上下標、表情符號、漢文部首、各國語言的書寫體…等，可以執行「插入／特殊字元」指令，它會開啟「插入特殊字元」的面板讓你選擇插入的類別與次選項，依照個人需求選取特殊字元即可。

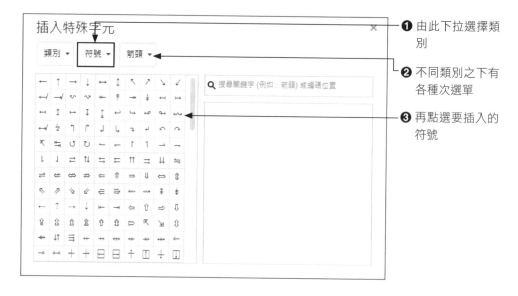

❶ 由此下拉選擇類別

❷ 不同類別之下有各種次選單

❸ 再點選要插入的符號

也可以選擇「插入／方程式」指令，它會顯示新增方程式的工具列，方便選用希臘字母、其他運算子、關係、數學運算子、箭頭等符號。

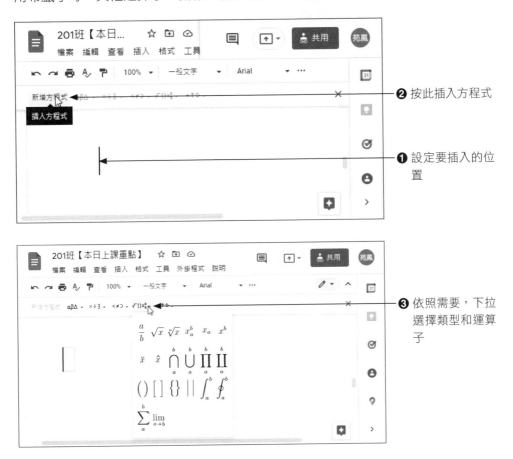

❷ 按此插入方程式

❶ 設定要插入的位置

❸ 依照需要，下拉選擇類型和運算子

2-1-6　文字格式與段落設定

要設定文字格式或段落樣式，可在選取範圍後由「工具列」進行編修，不管是字體樣式、字型、字體格式、文字顏色、對齊方式、行距、項目符號與編號、增／減縮排等效果皆可由此工具列完成。

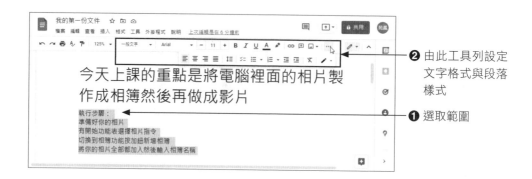

❷ 由此工具列設定
文字格式與段落
樣式

❶ 選取範圍

2-1-7 顯示文件大綱

在編輯文件時，如果老師有運用到「樣式」中的「標題」、「標題 1」、「標題 2」…等樣式，那麼可以利用「查看／顯示文件大綱」指令來顯示文件架構，這樣文件左側會顯示文件的標題，如此一來綱要隨時了然於心，老師也可以根據學校的教學大綱來延伸教學內容。

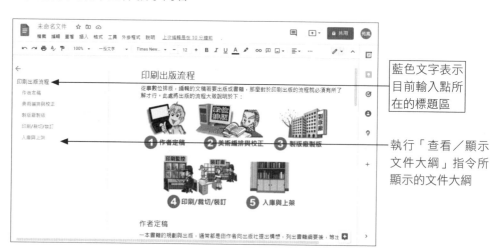

藍色文字表示
目前輸入點所
在的標題區

執行「查看／顯示
文件大綱」指令所
顯示的文件大綱

2-1-8　Google 文件離線編輯

Google 文件通常要在上網的情況下才能透過瀏覽器來編輯文件，如果有網路的限制，希望能夠離線編輯文件，那麼可以考慮啟用 Google 文件離線版。

請從 Chrome 瀏覽器右上角按下 ⋮ 鈕，下拉選擇「更多工具／擴充功能」指令，確認「Google 文件離線版」的擴充功能是否已開啟。

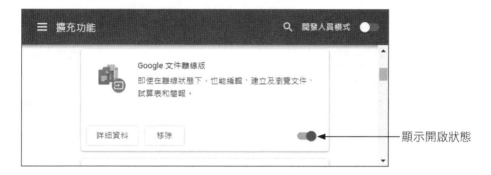

顯示開啟狀態

Google Chrome 在預設狀態下已內建 Google 文件離線版，確認該功能已開啟後，接著開啟你的 Google 文件，執行「檔案／允許離線存取」指令，使該功能呈現勾選的狀態，如此一來即使為連上網際網路仍可存取該檔案，不過不建議在公用電腦上使用離線編輯的功能。

勾選此功能

除了上述的方法外，你也可以在文件首頁處按下文件右下角 ⋮ 鈕，並選擇「可離線存取」的指令，如此一來文件底端就會出現 ⊘ 的圖示，如下圖所示：

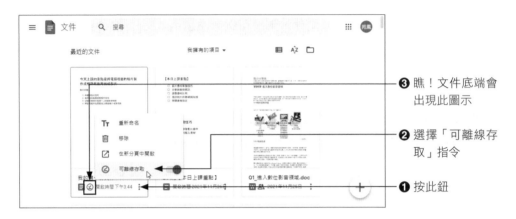

❸ 瞧！文件底端會出現此圖示

❷ 選擇「可離線存取」指令

❶ 按此鈕

當文件確認有 ⊘ 圖示後，之後離線編輯文件，新增的內容就會自動先儲存到目前的電腦裝置中，等上網時文件會自動儲存到雲端硬碟裡。

離線編輯時顯示的狀態

2-2 文件共用與傳送分享

　　利用 Google 文件，老師可以準備上課教材、製作考試評量或問卷調查表，完成的 Google 文件可以列印下來、與學生共用、在會議中分享畫面、以電子郵件方式傳送給學生，所以 Google 文件在師生之間的交流是相當便利的一件事。

2-2-1　變更頁面尺寸與顏色

　　Google 文件的預設紙張大小為 A4、直印，邊界的上下左右各為 2.54 公分，方便老師將文件列印出來做為教材。預設的白底黑字看起來較不搶眼，如果視訊教學時想要吸引學生的目光，老師可以利用「檔案／頁面設定」指令來變更頁面的顏色。

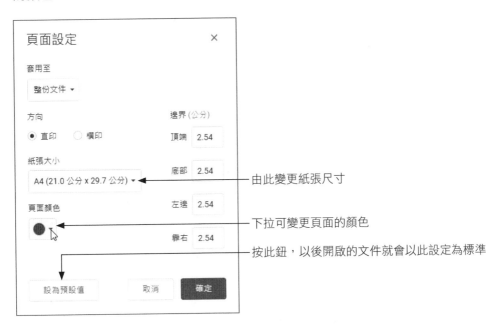

2-2-2 查看全螢幕文件

在 Google 文件中執行「查看／全螢幕」指令可隱藏功能表和工具列等非必要的工具，當老師透過 Google Meet 分享螢幕時，只要調整一下視窗的大小，就可以讓學生更專注在教材的學習，如下圖所示。如果要取消全螢幕的查看，只要按下「Esc」鍵就可再次顯示功能表和工具列。

老師分享 Google 文件的效果

2-2-3 老師在會議中分享畫面

在會議進行時，老師除了從 Google Meet 中選擇以「分頁」方式分享螢幕畫面外，也可以在會議進行中從 Google「文件」右上方按下 🔼 ▾ 鈕來分享畫面。

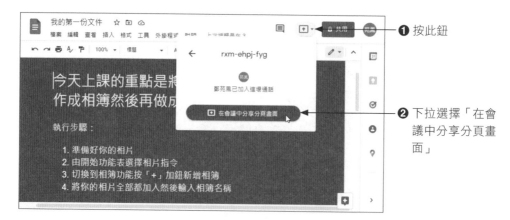

❶ 按此鈕

❷ 下拉選擇「在會議中分享分頁畫面」

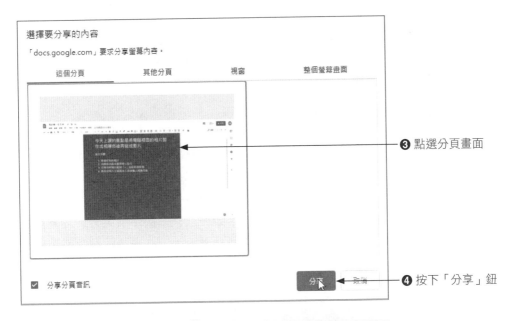

❸ 點選分頁畫面

❹ 按下「分享」鈕

Google 文件已顯示在 Google Meet 畫面中

2-2-4 老師與學生共用文件

　　Google 文件在預設的狀態下是鎖住的，僅供自己使用，如果文件需要和他人一起共用，使他人無須登入帳號也可以存取該文件，那麼可以選擇「共用」的功能。

按下「共用」鈕後將進入如下畫面，各位可以在第一個欄位中直接輸入與你共用檔案者的電子郵件，然後按下「完成」鈕完成共用設定。另外，檔案要給很多人時也可以選擇以連結的方式，老師只要設定使用者的權限，然後將複製的連結網址傳送給共用的群組，這樣其他人也就可以透過連結的網址來「檢視」或「編輯」這份文件。方式如下：

接下來只要將複製的連結貼給與你共用的成員就行了！

2-2-5　以電子郵件方式傳送給學生

文件要傳送給學生，也可以執行「檔案／電子郵件／透過電子郵件傳送這個檔案」指令。

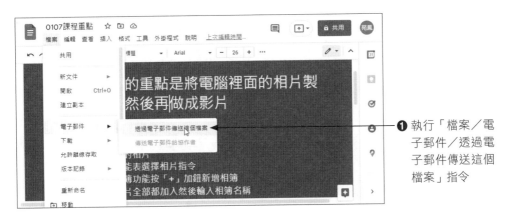

❶ 執行「檔案／電子郵件／透過電子郵件傳送這個檔案」指令

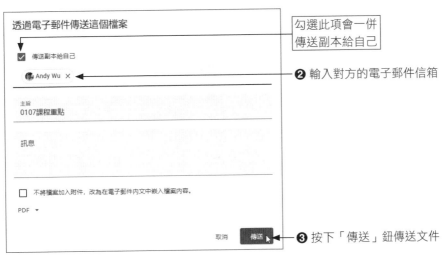

勾選此項會一併傳送副本給自己

❷ 輸入對方的電子郵件信箱

❸ 按下「傳送」鈕傳送文件

2-2-6　文件列印

　　文件想要列印出來，方便放在桌面參考，可以執行「檔案／列印」指令使進入如下的列印設定畫面，確認畫面效果及列印的份數，即可按下「列印」鈕列印文件。

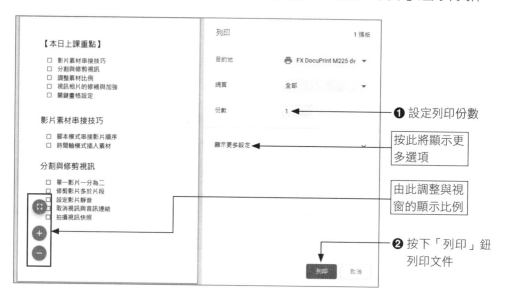

❶ 設定列印份數

按此將顯示更多選項

由此調整與視窗的顯示比例

❷ 按下「列印」鈕列印文件

　　如果需要變更縮放比例、紙張大小、邊界值、或雙面列印，讓文件內容可以擠入一張紙中，可按下「顯示更多設定」進行設定。

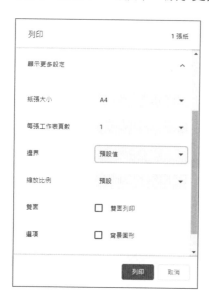

圖文並茂的文件

Google

在前面的章節中，我們針對文件對於老師在教學方面做說明，讓老師可以快速編寫文字、簡明的分享文件畫面、與學生共用文件或傳送文件…等，接下來這個章節則是針對物件的插入做說明，包含圖片、表格、繪圖等應用技巧，讓各位將文件功能發揮得更淋漓盡致，輕鬆活用各項功能在課堂的教學上。

3-1 插入圖片素材

圖文並茂的文件是最能夠讓人賞心悅目的，要從「Google 文件」的應用程式中插入圖片，各位有如下六種方式，只要從「插入」功能表中執行「圖片」指令，就可以看到這幾種插入方式。

3-1-1 上傳電腦中的圖片

要使用的圖片如果是存放在電腦上，執行「插入／圖片／上傳電腦中的圖片」指令後，只要在「開啟」的視窗中選取圖片縮圖，按下「開啟」鈕即可插入至 Google 文件中。

❶ 點選圖片

❷ 按下「開啟」鈕

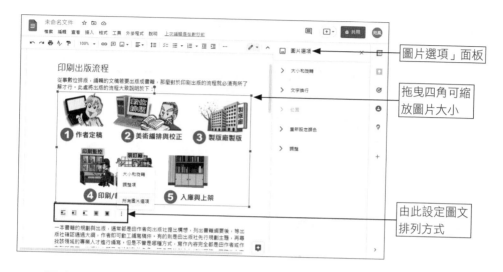

「圖片選項」面板

拖曳四角可縮
放圖片大小

由此設定圖文
排列方式

　　圖片插入後，只要圖片被選取的狀態下，即可進行縮放大小，或是設定圖片與文字的關係。另外，按下圖片工具列右側的 ⋮ 鈕並下選擇「所有圖片選項」的指令，將會在右側顯示「圖片選項」面板，提供各位做大小、旋轉、文字換行、重新設定顏色、透明度／亮度／對比等調整。

3-1-2　搜尋網路圖片

　　如果你沒有現成的圖片可以使用，那麼就到網路上去進行搜尋吧！執行「插入／圖片／搜尋網路」指令會在 Google 文件右側顯示「搜尋 Google 圖片」的窗格，輸入你想搜尋的關鍵文字，當 Google 圖片列出搜尋的結果後，只要點選想要的圖片，再由窗格下方按下「插入」鈕即可插入插圖。

❶ 由此輸入搜尋的
關鍵字

❷ 選取要使用的縮圖

❸ 按下「插入」鈕，即可插入圖片

3-1-3　從雲端硬碟或相簿插入圖片

如果你有使用雲端硬碟的習慣，也可以直接從 Google 雲端硬碟進行插入。執行「插入／圖片／雲端硬碟」指令，文件右側立即顯示你的雲端硬碟，請從資料夾或檔案中找到要使用的圖片進行插入。

執行「插入／圖片／雲端硬碟」指令會將 Google 雲端硬碟顯示在右側的窗格中

同樣的，執行「插入／圖片／相簿」指令則是顯示你的 Google 相簿，讓你從相簿中插入圖片。

3-1-4 　使用網址上傳圖片

執行「插入／圖片／使用網址上傳」指令，則是提供欄位讓用戶將圖片所在網址貼入欄位中。此種方式必須確認自己是否擁有圖片的合法使用權，或者在文件裡要適當地標示出圖片來源位置。

3-2 插入繪圖

Google 文件也可以插入繪製的圖案，執行「插入／繪圖／新增」指令，它會開啟「繪圖」視窗，讓使用者利用各種的「線條」工具或「圖案」工具來繪製圖形，也可以利用「文字方塊」來插入文字，甚至是直接插入圖片。

❶ 執行「插入／繪圖／新增」指令

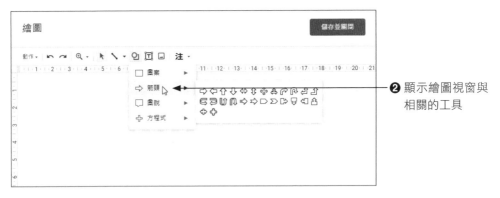

❷ 顯示繪圖視窗與相關的工具

3-2-1　插入圖案與文字

首先我們利用「圖案」 工具來繪製基本造型。「圖案」工具包含了「圖案」、「箭頭」、「圖說」、「方程式」等類別，功能鈕和 Word 軟體相同，所以選定要使用的工具鈕，就可以在頁面上畫出圖形。

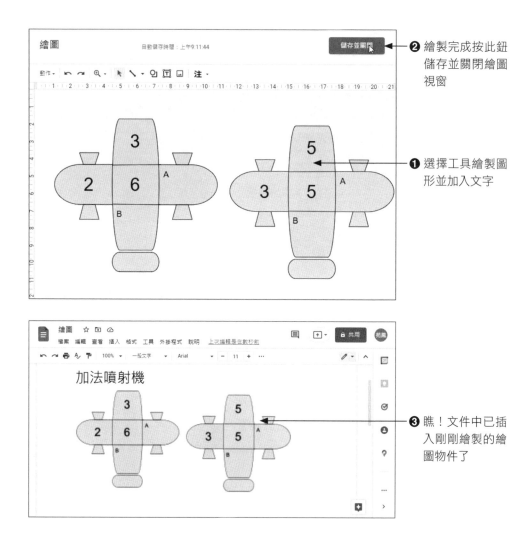

❷ 繪製完成按此鈕儲存並關閉繪圖視窗

❶ 選擇工具繪製圖形並加入文字

❸ 瞧！文件中已插入剛剛繪製的繪圖物件了

3-2-2 複製與編修繪圖

在繪製圖形後，相同的圖案可在文件中執行「複製」與「貼上」指令使之複製物件，屆時點選繪圖物件左下角的「編輯」鈕即可修改圖案。如下圖所示：

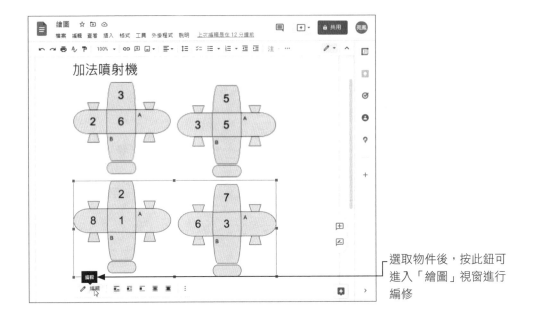

選取物件後，按此鈕可
進入「繪圖」視窗進行
編修

3-2-3 文字藝術的應用

　　在插入「繪圖」時，各位還可以在視窗裡利用「動作」功能表中的「文字藝術」功能來加入具有藝術效果的文字，此功能可以縮放文字、旋轉傾斜文字、變更顏色，讓文字變得更出色，視覺效果更搶眼。使用技巧如下：

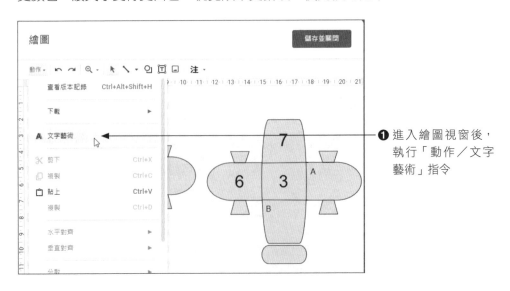

❶ 進入繪圖視窗後，
執行「動作／文字
藝術」指令

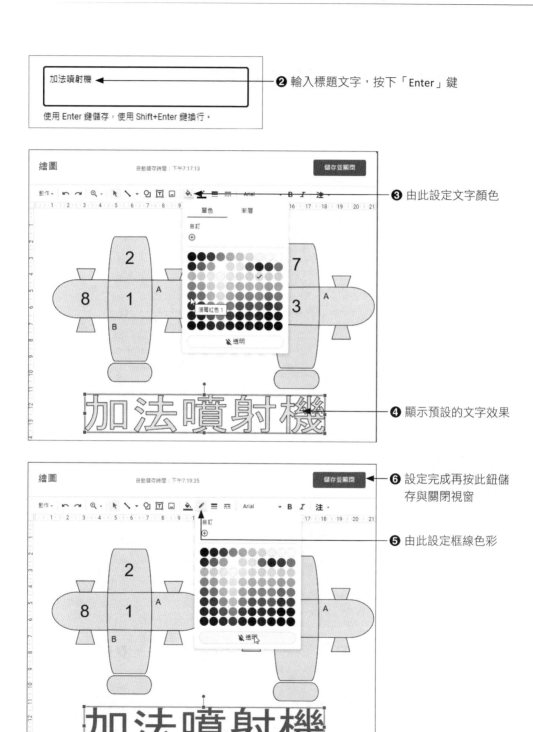

❷ 輸入標題文字，按下「Enter」鍵

❸ 由此設定文字顏色

❹ 顯示預設的文字效果

❻ 設定完成再按此鈕儲存與關閉視窗

❺ 由此設定框線色彩

3-3 取得更多的文件外掛程式

「Google 文件」可以在線上直接編輯很多的文件，如果也能像 Office 內建的範本一樣，輕鬆取得現成的範本來進行套用修改，那麼可以省卻很多編輯時間。這樣的心願事實上 Google 也幫各位想到了，只要取得外掛程式，超多類型的範本也能任君選擇。

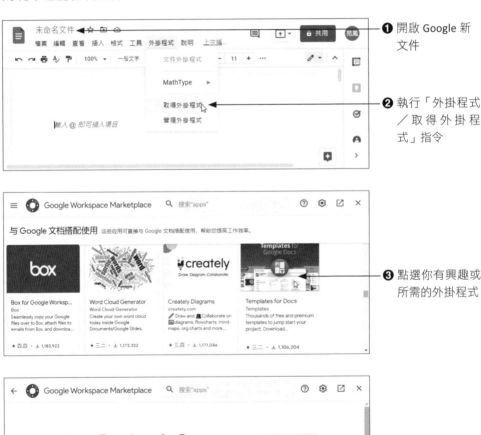

❶ 開啟 Google 新文件

❷ 執行「外掛程式／取得外掛程式」指令

❸ 點選你有興趣或所需的外掛程式

❹ 按下「安裝」鈕

🔵 點選「繼續」鈕

按下「繼續」鈕後接著選定你的帳號,「允許」外掛程式可以存取你的 Google 帳戶,這樣就可以看到已安裝完成的畫面,按下「完成」鈕後,從各種的範本中取得想要的文件內容。

❶ 執行「外掛程式 /Templates for Docs/Browse Templates」指令

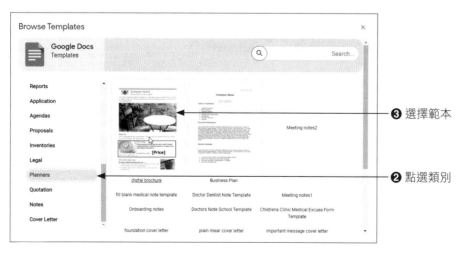

❸ 選擇範本

❷ 點選類別

❹ 按此鈕建立副本，
再按「Open File」
鈕開啟檔案

　　範本文件開啟後，各位只要點選文字再替換成自己所需的內容即可，同樣地，圖片部分只要點選後按右鍵執行「取代圖片」指令，即可替換成電腦中的圖片、相簿、相機、網路插圖、雲端硬碟中的圖片，節省許多編輯的時間。

表格繪製與美化

Google

本單元將示範表格的製作細節，首先請開啟一份 Google 文件，並可以考慮先行參照底下作法進行文件的頁面設定工作：

執行「檔案 / 頁面設定」指令

可以依需求設計文件的方向、紙張大小及邊界，設定完畢後再按下「確定」鈕就可以完成文件的頁面設定工作

4-1 建立表格與文字編輯

　　表格是文件編輯時經常使用的功能，在辦公文件的應用上相當廣闊，不僅可以讓各位自由組裝複雜的表格形式，也能讓文件看起來更整齊美觀。在 Google 文件中，雖然它的表格功能沒有像微軟的 Word 文書處理軟體，能夠做出分割 / 合併的效果，但是基本的增減欄列、對齊、插入圖文、表格中插入表格、或是表格 / 儲存格的網底樣式等，都是一應俱全。

4-1-1 表格建立

　　準備好空白頁面後，接下來就可以開始插入表格。如果各位還未確定實際所會使用到的欄列數，也可以先預估一下，屆時不夠或過多時，還可以再進行增加或刪減欄列。基本上，表格是由幾個縱向的欄（Column）與橫向的列（Row）所組成，其基本單位為「儲存格」，儲存格中有一閃一閃的「I」圖示，這是文字或圖片的插入點。如圖示：

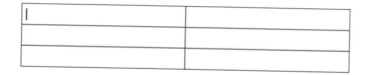

　　Google 文件中要插入表格，從「插入」功能表中執行「表格」指令，就可以使用滑鼠來拖曳出所要的欄列數，如此一來表格就會顯現在文件上。現在我們準備插入 1 欄 2 列的表格。

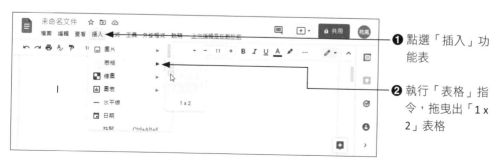

❶ 點選「插入」功能表

❷ 執行「表格」指令，拖曳出「1 x 2」表格

❸ 顯示插入的表格

4-1-2 儲存格插入表格

在儲存格中可以輸入文字，也可以放入圖片，甚至也可以放入另一個表格。這裡我們再於第二列第一欄的儲存格中插入 3 列 3 欄的表格。

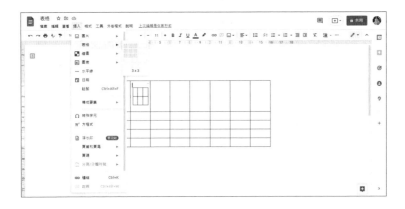

像這樣在表格中插入表格，就是所謂的「巢狀式」表格，透過巢狀式表格的處理，就可以讓表格變得更合乎所需。

4-1-3 表格內文字的編輯

要在表格中插入文字，只要將滑鼠移到特定的儲存格上，按下滑鼠左鍵，就會看到一閃一閃的「I」圖示，於該處就可以輸入文字內容。

- 儲存格中輸入文字一點選要插入的儲存格，切換到慣用的輸入法，輸入文字後按下「Enter」鍵，可繼續在同一儲存格中輸入內容。

- 以 Tab 鍵切換儲存格—按「Tab」鍵切換到下一個儲存格。

- 表格內可以進行文字編輯，只要先將插入點移至表格內的儲存格，即可輸入文字。按下「Tab」鍵會移到右方或下一個儲存格，如果是在表格最後的一個儲存格時，按下「Tab」鍵會自動新增一列的儲存格。

剛剛介紹的方式，是利用「Tab」鍵，以及插入點移到儲存格內的方式來輸入文字，這裡我們將常用的幾種快速鍵用法列表於下，方便各位快速在表格內移動插入點。

按鍵操作	功能說明
Tab	按下「Tab」鍵會移到右方或下一個儲存格，如果是在表格最後的一個儲存格時，按下「Tab」鍵會自動新增一列的儲存格
Shift + Tab	可將插入點跳至上一個儲存格
Enter	在儲存格中新增段落
上下左右方向鍵	移動到上下左右的相鄰儲存格

4-2 表格調整技巧簡介

表格的調整技巧會介紹到表格如何選取及如何編修表格欄寬與列高，另外表格內文字的對齊及如何插入或刪除儲存格、合併儲存格、分割儲存格、分割表格等主題都是本單元會介紹的重點。

4-2-1 表格選取方式

要編輯表格哪些範圍，必須事先告知 Google 文件，我們才可以精確執行所要進行的編輯工作。表格選取有分底下四種情況：

選取單一儲存格：將滑鼠移到要選取的儲存格，按左鍵兩下就可以選取該儲存格。如果要取消選取，只要在其它沒有被選取的區域按一下滑鼠左鍵就可以取消選取該儲存格。

選取列：將滑鼠游標移到該列最左側儲存格，往右拖曳到最右側儲存格就可以選取該列，如果要選取多列，只要按住滑鼠左鍵不放往上或往下拖曳滑鼠就可以一次選取多列。

選取欄：將滑鼠游標移到該列最上方儲存格，往下拖曳到最下面儲存格就可以選取該欄，如果要選取多欄，只要按住滑鼠左鍵不放往左或往右拖曳滑鼠就可以一次選取多欄。

選取矩形範圍：將滑鼠移動到表格矩形範圍的左上角儲存格，按住滑鼠左鍵往表格矩形範圍右下角儲存格拖曳，就可以選取該表格矩形範圍。如果選取整個表格，則從表格最左上角儲存格拖曳到表格最右下角儲存格。

4-2-2 編修表格欄寬與列高

如果表格的欄寬與列高不符合自己的需求，在 Google 文件的「格式 / 表格」指令中可以協助各位變更表格中的欄寬或列高。例如下圖功能表中的「平均分配列高」及「平均分配欄寬」可以自己平均調整表格欄寬與列高。

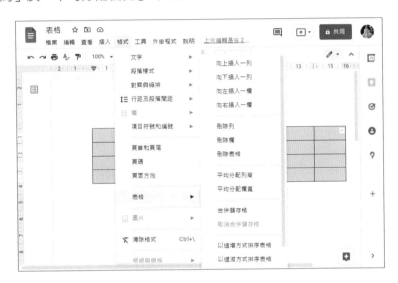

4-2-3 表格內的文字對齊

表格中的文字格式設定，事實上和一般文字的格式設定完全相同，都是透過「格式」工具列或是「格式」功能表來處理。

另外還可以利用在表格按右鍵的快顯功能表中的「表格屬性」的指令來對儲存格底色或是表格框線做設定。

| 向左插入 1 欄 |
| 向右插入 1 欄 |
| 刪除 1 列 |
| 刪除 1 欄 |
| 刪除表格 |
| 平均分配列高 |
| 平均分配欄寬 |
| 以遞增方式排序表格 |
| 以遞減方式排序表格 |
| 表格屬性 |
| 選取所有相符的文字 |
| 更新「一般文字」讓樣式相符 |
| 清除格式　Ctrl+\ |

另外在 Google 文件中,執行「格式/表格/表格屬性」指令會在右側看到「表格屬性」面板,裡面包含列、欄、對齊、顏色等屬性,按點箭頭鈕就可以看到下方的屬性設定項。

❷ 點選的儲存格已加入顏色囉!

❶ 由此設定儲存格底色

4-2-4　插入或刪除儲存格

在繪製表格的過程中,萬一需要增加欄/列的數目,或是有多餘的欄/列想要刪除,可以透過「格式」功能表來選擇要執行的「表格」指令。

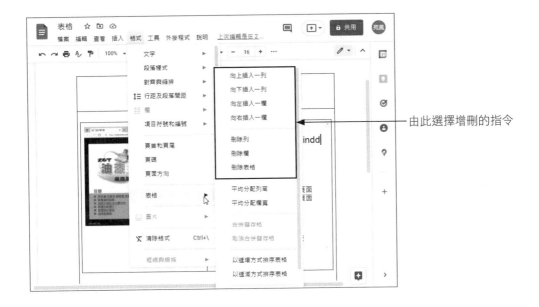

由此選擇增刪的指令

4-2-5 合併 / 取消合併儲存格

在繪製表格的過程中，萬一需要合併多個儲存格或取消合併儲存格時，可以透過「格式」功能表來選擇要執行的「表格」指令。

4-3 美化表格外觀功能

有了表格的基礎外觀後，接下來就是針對表格中的文字格式做處理，另外還可以利用「表格內容」的指令，來對儲存格底色或是表格框線做設定，讓所繪製的表格框線或文字色彩看起來豐富些。

4-3-1 表格格式設定

表格中的文字格式設定，事實上和一般文字的格式設定完全相同，都是透過「格式」工具列或是「格式」功能表來處理。在 Google 文件的「格式 / 文字」指令中可以幫助各位在表格中文字格式的設定工作，包括設定粗體、斜體、底線、刪除線、上下標等，另外也可以透過如下功能選單中的「大小」來設定表格中文字的字體變大或變小，也可以將表格中的英文字以大小寫或首字大寫來表現。

4-3-2　表格框線與底色

　　除了表格或儲存格可以設定背景色外，表格的邊框也可以指定顏色，如果要設定表格的框線和底色，則可以在 Google 文件的「格式 / 段落樣式」指令找到相關的指令，如下列的功能表所示：

　　其中的「框線和底色」指令則會呼叫出如下的設定頁面，可以更加精準設定表格的框線位置、框線寬度、虛線框線位、框線顏色、背景顏色、段落間距…等，當設定好相關表格的外觀後，再按下「套用」鈕就可以完成表格的框線與底色的編輯工作。

4-3-3 表格對齊與縮排

針對表格或儲存格內的對齊，Google 文件主要是利用「格式」工具列上的

「靠左對齊」、「置中對齊」、「靠右
對齊」、「左右對齊」四個功能鈕來設
定。只要點選圖片或選定文字的區域
範圍，再選擇對齊的方式就行了。另
外，也可以在 Google 文件的「格式 /
對齊與縮排」指令找到相關的指令，
如下列的功能表所示：

所謂縮排是指書寫一段文字時在某些行（通常是第一行）的開頭插入的一個
或幾個空格。另外在 Google 文件格式工具列最右邊有「減少縮排鈕」和「增加
縮排鈕」兩個，具有逐次增加或減少縮排的功能。

4-3-4 行距及段落間距

行距就是行跟行之間的距離，而段落間距就是每
一個段落跟段落之間的距離，例如第一段跟第二段之
間的距離，就稱為段落間距。在 Google 文件的「格
式 / 行距及段落間距指令找到相關的功能，這些指令
可以允許我們設定行距外，也可以允許我們加寬段落
前行距或加寬段落後行距。也允許各位自訂間距，如
下列的功能表所示。

4-3-5 在表格中插入圖片

除了加入文字，也可以插入美美的圖片，只要將滑鼠移到欲插入圖片的儲存格中，然後由「插入」功能表中選擇「圖片」指令，即可選取要插入的圖片，而插入的圖片可以透過四角的控制鈕來調整圖片的尺寸比例。你也可以在表格中放入另一個表格，使變成巢狀式表格，如下圖所示。

儲存格中輸入文字

儲存格中插入圖片

儲存格中插入表格

4-4 表格實用密技私房教室

本單元將介紹幾個表格的實用功能，例如如何進行表格內資料的排序⋯等，接著我們就來實作這些實用的功能。

4-4-1 浮動按鈕添加欄列及調整位置

在 Google 文件的檔案中要新增表格的欄列，或是想要變更欄列順序，除了可以在「插入 / 表格」找到相關的操作指令外，我們也可以利用「浮動按鈕」就

可以讓這些工作變得更加容易。各位只要將滑鼠游標移動到欄或列的邊緣，就會看到出現一個「浮動按鈕」，只要按該「浮動按鈕」拖曳就可以滑動的方式進行順序的調整。

分公司	業務人員	產品名稱	業績額
台北	許大慶	多益	60000
台中	蔡中信	日文	120000
高雄	陳思婷	法語	148000
高雄	陳思婷	法語	18000
台北	許大慶	多益	36000
台中	蔡中信	日文	58000
高雄	陳思婷	法語	148000
台北	許大慶	多益	60000
台中	蔡中信	日文	120000
高雄	陳思婷	法語	148000
台北	許大慶	多益	60000

在表格上方用滑鼠按住浮動按鈕拖曳，可以滑動調整順序

另外如果要插入新的表格，只要按下如下所示的「+」就可以快速插入表格的欄列。舉例來說：當滑鼠游標移動到表格欄的上方，當出現「浮動按鈕」時，按下「+」就可以向右插入1欄。如下圖所示：

尖端線上___教學軟體科技公司			
分公司	業務人員	產品名稱	業績額
台北	許大慶	多益	60000
台中	蔡中信	日文	120000
高雄	陳思婷	法語	148000
高雄	陳思婷	法語	18000
台北	許大慶	多益	36000
台中	蔡中信	日文	58000
高雄	陳思婷	法語	148000
台北	許大慶	多益	60000
台中	蔡中信	日文	120000

向右插入1欄

同理，當滑鼠游標移動到表格列的左側，當出現「浮動按鈕」時，按下「+」就可以向下插入1列。如下圖所示：

尖端線上多媒體教學軟體科技公司			
分公司	業務人員	產品名稱	業績額
台北	許大慶	多益	60000
台中	蔡中信	日文	120000
高雄	陳思婷	法語	148000
高雄	陳思婷	法語	18000
台北	許大慶	多益	36000
台中	蔡中信	日文	58000
高雄	陳思婷	法語	148000
台北	許大慶	多益	60000
台中	蔡中信	日文	120000

向下插入 1 列

4-4-2　表格自動排序

表格中的資料也可以進行排序，這些功能都可以在「格式 / 表格」指令中找到，可以允許各位以遞增或遞減的方式將表格內的資料自動排序，例如下圖中我們在表格中最後一欄設定了 4 筆資料，只要執行了「以遞增方式排序表格」指令後，各位就可以發現表格中的資料已由小到大排序。

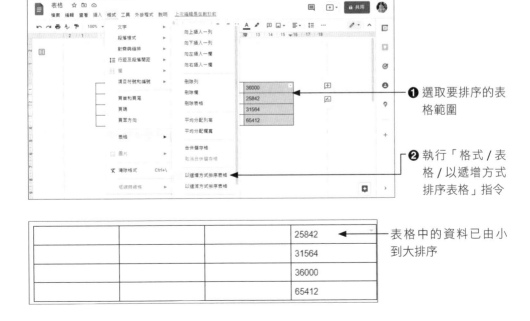

❶ 選取要排序的表格範圍

❷ 執行「格式 / 表格 / 以遞增方式排序表格」指令

表格中的資料已由小到大排序

另外我們可以利用表格的「自動排序」新功能來調整，只要將游標移動到不同的欄，可以根據該欄的資料進行自動排序。另外 Google 文件的表格「自動排序」功能，還能依資料類型自動分類，各類別再依數值大小依指定方式進行排列。要使用 Google 文件的自動排序功能，首先請先把游標移動到欄的最上方，就可以使用「遞增排序」或「遞減排序」。如下圖所示：

分公司	業務人員	產品名稱	業績
台北	許大慶	多益	遞增排序
台中	蔡中信	日文	遞減排序
高雄	陳思婷	法語	148000
高雄	陳思婷	法語	18000
台北	許大慶	多益	36000
台中	蔡中信	日文	58000
高雄	陳思婷	法語	148000
台北	許大慶	多益	60000
台中	蔡中信	日文	120000
高雄	陳思婷	法語	148000
台北	許大慶	多益	60000
台中	蔡中信	日文	120000
高雄	陳思婷	法語	148000
高雄	陳思婷	法語	148000
台北	許大慶	多益	60000

4-4-3 固定這一列之前的所有標題列

當各位所設計的表格很長，當進入下一個分頁時，就會看不到原本的欄位標題，因為會發生在第二頁後的表格，就很難解讀或判斷現在的數據是哪一個項目的資料。因為如果可以在每一頁表格出現時，都可以看到表格的欄位標題就可以清楚理解表格每一欄的資料項目所代表的意義，在 Google 文件的表格新功能中，可以設定「固定這一列之前的所有標題列」。只要游標移動到新表格左方，就會看到「釘選」的按鈕，例如可以把頭第一列標題「釘選」。如下圖所示：

分公司	業務人員	產品名稱	業績額
高雄	陳思婷	法語	148000
高雄	陳思婷	法語	148000
高雄	陳思婷	法語	148000
高雄	陳思婷	法語	148000
高雄	陳思婷	法語	148000
高雄	陳思婷	法語	148000
高雄	陳思婷	法語	148000
高雄	陳思婷	法語	148000
高雄	陳思婷	法語	148000
高雄	陳思婷	法語	148000

固定這一列之前的所有標題列

當表格標題固定之後，接著就可以發現除了第一頁的表格標題外，當各位滑動到第二頁、第三頁、…，都可以在每一頁查看表格資料時，看到表格的標題列，如此一來，就不用擔心搞不清楚表格中的資料到底屬於哪一個資料項目的意義。

分公司	業務人員	產品名稱	業績額
高雄	陳思婷	法語	148000
高雄	陳思婷	法語	148000
高雄	陳思婷	法語	148000
高雄	陳思婷	法語	148000
高雄	陳思婷	法語	148000
高雄	陳思婷	法語	148000
高雄	陳思婷	法語	148000
高雄	陳思婷	法語	148000
高雄	陳思婷	法語	148000
高雄	陳思婷	法語	148000
台中	鄭中信	日文	120000
台中	鄭中信	日文	120000
台中	鄭中信	日文	120000
台中	鄭中信	日文	120000
台中	鄭中信	日文	120000
台中	鄭中信	日文	120000
台中	鄭中信	日文	120000
台中	鄭中信	日文	120000
台北	許大慶	多益	60000
台北	許大慶	多益	60000
台北	許大慶	多益	60000
台北	許大慶	多益	60000
台北	許大慶	多益	60000
台北	許大慶	多益	60000
台北	許大慶	多益	60000
台北	許大慶	多益	60000

台中	鄭中信	日文	58000
台北	許大慶	多益	36000
高雄	陳思婷	法語	18000

沒有固定表格標題時，表格跨頁時看不到標題，就會搞不清楚各表格資料所代表的意義

Google Office 與 ChatGPT 創新應用

打造無限可能的生產力

	分公司	業務人員	產品名稱	業績額
固定這一列之前的所有標題列	高雄	陳思婷	法語	148000
	高雄	陳思婷	法語	148000
	高雄	陳思婷	法語	148000
	高雄	陳思婷	法語	148000
	高雄	陳思婷	法語	148000
	高雄	陳思婷	法語	148000
	高雄	陳思婷	法語	148000
	高雄	陳思婷	法語	148000
	高雄	陳思婷	法語	148000

按此釘選鈕可以固定這一列之前的所有標題列

分公司	業務人員	產品名稱	業績額
高雄	陳思婷	法語	148000
高雄	陳思婷	法語	148000
高雄	陳思婷	法語	148000
高雄	陳思婷	法語	148000
高雄	陳思婷	法語	148000
高雄	陳思婷	法語	148000
高雄	陳思婷	法語	148000
高雄	陳思婷	法語	148000
高雄	陳思婷	法語	148000
高雄	陳思婷	法語	148000
高雄	陳思婷	法語	148000
台中	蔡中信	日文	120000
台中	蔡中信	日文	120000
台中	蔡中信	日文	120000
台中	蔡中信	日文	120000
台中	蔡中信	日文	120000
台中	蔡中信	日文	120000
台中	蔡中信	日文	120000
台中	蔡中信	日文	120000
台北	許大慶	多益	60000
台北	許大慶	多益	60000
台北	許大慶	多益	60000
台北	許大慶	多益	60000
台北	許大慶	多益	60000
台北	許大慶	多益	60000
台北	許大慶	多益	60000
台北	許大慶	多益	60000

分公司	業務人員	產品名稱	業績額
台中	蔡中信	日文	58000
台北	許大慶	多益	36000
高雄	陳思婷	法語	18000

固定表格標題後，當表格跨頁時就看得到標題，就會清楚掌握表格資料所代表的意義

4-18

這樣一來，開頭的標題，就會在每一個分頁（換頁）的開頭自動顯示，透過這些「Google 文件」上的表格自動排序、固定標題等新功能，我們在使用 Google 文件編輯表格時，更加輕鬆且方便，這些表格的實用功能，希望各位有機會時可以多加利用。

4-4-4 表格跨頁時不會拆開同一列資料

如果表格中的某些列資料特別多，如果該表格內容又恰巧跨頁，這種情況下就會產生同一列資料有些在前一頁、有些資料在後一頁，也就是説同一列資料在跨頁時資料被拆開，就容易在看資料時漏看資料，而造成表格資料內容判讀的錯誤。例如下圖中，最後一列的資料，就被分在兩頁中。

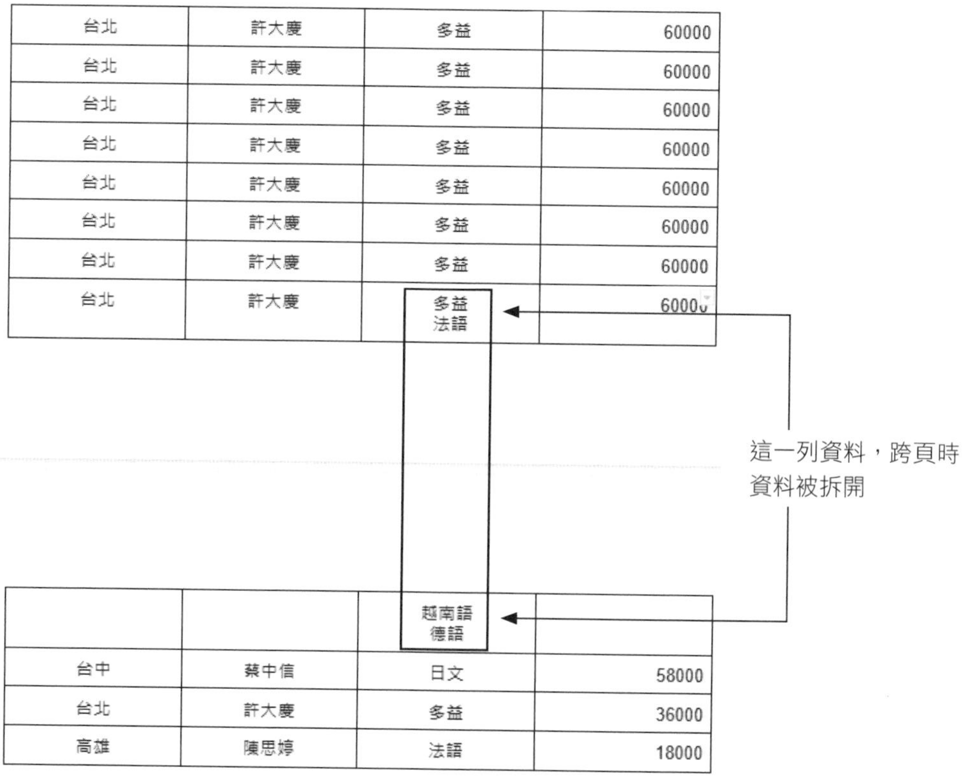

台北	許大慶	多益	60000
台北	許大慶	多益	60000
台北	許大慶	多益	60000
台北	許大慶	多益	60000
台北	許大慶	多益	60000
台北	許大慶	多益	60000
台北	許大慶	多益	60000
台北	許大慶	多益 法語	60000

這一列資料，跨頁時資料被拆開

		越南語 德語	
台中	蔡中信	日文	58000
台北	許大慶	多益	36000
高雄	陳思婷	法語	18000

如果各位希望表格跨頁時不要把同一列的資料拆開，就可以參照底下的作法，允許資料溢位至其他頁面，如此一來就可以解決表格跨頁時，將同一列的資料拆開的不適當的輸出外觀。

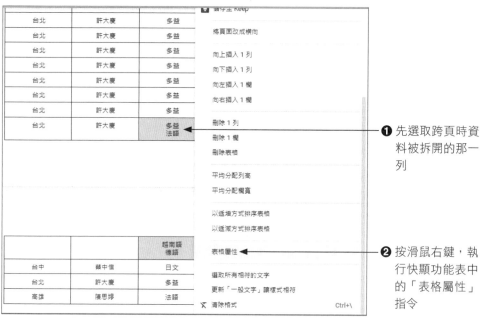

❶ 先選取跨頁時資料被拆開的那一列

❷ 按滑鼠右鍵，執行快顯功能表中的「表格屬性」指令

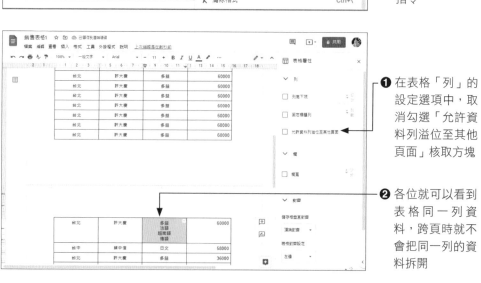

❶ 在表格「列」的設定選項中，取消勾選「允許資料列溢位至其他頁面」核取方塊

❷ 各位就可以看到表格同一列資料，跨頁時就不會把同一列的資料拆開

地址標籤合併列印

Google

本章將示範如何使用 Avery Label Merge 合併列印外掛程式，讀取 Google 試算表的清單資料，套用至 Google 文件產生各種標籤或信件，也可以將合併列印的結果產生 PDF 檔案格式，再將其列印出來，如果各位需要製作非常大量的自黏標籤，就可以自行購買印表機用的自黏標籤紙，並利用合併列印排版好的資料以印表機印在上面，接著就可以直接撕下來黏貼，非常省時省力。

5-1 認識合併列印

當您需要將同一份文件傳送給多人時，最快的方式就是使用「合併列印」。合併列印主要是從外部取得來源資料或是自行建立資料檔案，接著建立主文件再插入從資料檔案取得的數據，並合併成為一份完整的內容。例如可以將「主文件」的內容先行編輯妥當（如耶誕卡、廣告信件等），然後結合「資料來源」（如試算表中的通訊錄清單），進而合併出列印有每一個人名抬頭的住址信封：

804高雄市苓雅區中華五路777號
尖端科技股份有限公司

To: *|郵遞區號|* *|地址|*
|姓名| *|稱調|* 收

結合

	A	B	C	D	E
1	郵遞區號	地址	姓名	稱謂	行動電話
2	807	高雄市三民區鼎昌街18號	陳秋夢	小姐	0974-777-220
3	806	高雄市前鎮區西七街3號	邱韋旭	先生	0902-291-048
4	239	新北市鶯歌區陽明街32號	潘珮君	小姐	0973-882-577
5	737	臺南市鹽水區舊營14號	吳美佩	小姐	0998-195-133
6	437	臺中市大甲區工一路9號	張家榮	先生	0906-626-251
7	830	高雄市鳳山區北維街19號	楊佳閔	小姐	0951-502-268
8	940	屏東縣枋寮鄉東山路14號	陳俊彥	先生	0976-570-622
9	320	桃園市中壢區龍山街8號	潘心怡	小姐	0965-360-673
10	335	桃園市大溪區仁忠街33號	方文婷	小姐	0941-323-307
11	814	高雄市仁武區名山八街6號	張君豪	先生	0966-009-656

804高雄市苓雅區中華五路777號
尖端科技股份有限公司

To: 807 高雄市三民區鼎昌街18號
陳秋夢 小姐 收

804高雄市苓雅區中華五路777號
尖端科技股份有限公司

To: 806 高雄市前鎮區西七街3號
邱韋旭 先生 收

804高雄市苓雅區中華五路777號
尖端科技股份有限公司

To: 239 新北市鶯歌區陽明街32號
潘珮君 小姐 收

804高雄市苓雅區中華五路777號
尖端科技股份有限公司

To: 737 臺南市鹽水區舊營14號
吳美佩 小姐 收

804高雄市苓雅區中華五路777號
尖端科技股份有限公司

To: 437 臺中市大甲區工一路9號
張家榮 先生 收

合併列印不僅應用於信件內容，舉凡郵寄標籤、信封、電子郵件…等文件，都可以使用「合併列印」功能來大量、快速地製作，可說是相當的實用。

5-1-1 安裝 Avery Label Merge 合併列印外掛程式

Avery Label Merge 是一種合併列印外掛程式，可以協助我們合併 Google 文件及 Google 試算表的信封、標籤、二維碼和條形碼。我們能以 Google 試算表為資料來源，再與 Google 文件進行資料的合併，以達到使用 Google 文件進行合併列印的工作。這個合併列印的成果，除了能以 Google 文件格式開啟再列印出來外，也可以將合併列印的成果儲存成 PDF 格式，再以能開啟 PDF 的相關編輯器或閱讀程式進行列印工作。接著我們就來利用 Avery Label Merge 來實作合併列印的功能。

首先必須先取得 Avery Label Merge 外掛程式，請各位於 Google 文件首頁按一下右下方的「建立文件」 鈕，接著會產生一份空白文件，各位可以視自己的需求為這份新文件命名，例如此處筆者將這份新文件命名為「合併列印」，其它的合併列印實作的操作過程，請參考以下的步驟說明：

在此將文件重新命名

執行「外掛程式 / 取得外掛程式」指令，會開啟如下圖
的「Google Workspace Marketplace」視窗

❶ 於搜尋列輸入
關鍵字「Avery
Label Merge」

❷ 於所產生的搜尋
結 果 按「Avery
Label Merge」項
目

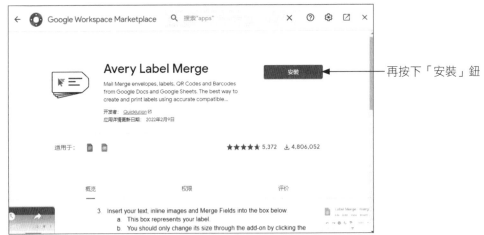

再按下「安裝」鈕

准備安裝

Avery Label Merge需要您的许可才能开始安装。

点击"继续"，即表示您同意 Google 将根据此应用的服务条款和隐私权政策使用您的信息。

取消　　繼續　　————再按「繼續」鈕

G 使用 Google 帳戶登入

選擇帳戶

以繼續使用「Avery Label Merge」

Andy Wu　　————選擇要安裝的帳戶

② 使用其他帳戶

如要繼續進行，Google 會將您的姓名、電子郵件地址、語言偏好設定和個人資料相片提供給「Avery Label Merge」。使用這個應用程式前，請先詳閱「Avery Label Merge」的《隱私權政策》及《服務條款》。

☁ 查看、編輯、建立及刪除您的所有 Google 雲 ⓘ
端硬碟檔案

📄 查看、編輯、建立及刪除您的所有 Google 文 ⓘ
件檔案

⬤ 查看、編輯、建立及刪除您的所有 Google 試 ⓘ
算表檔案

📤 查看及管理應用程式相關資料 ⓘ

🔖 在 Google 應用程式內的提示和側欄中顯示及 ⓘ
刊登第三方網頁內容

確認「Avery Label Merge」是您信任的應用程式

這麼做可能會將機密資訊提供給這個網站或應用程式。您隨時可以前往 Google 帳戶頁面查看或移除存取權。

瞭解 Google 如何協助您安全地分享資料。

詳情請參閱「Avery Label Merge」的《隱私權政策》和《服務條款》。

取消　　允許　　————按下「允許」鈕
　　　　　　　　　　確認「Avery Label
　　　　　　　　　　Merge」是您信任
　　　　　　　　　　的應用程式

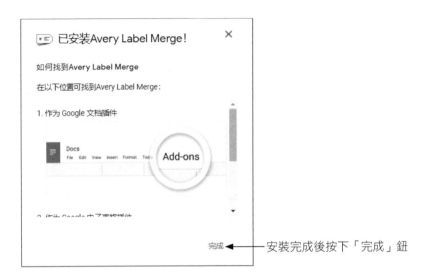

安裝完成後按下「完成」鈕

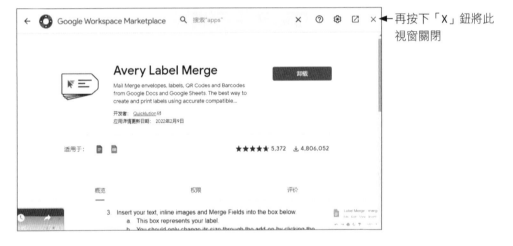

再按下「X」鈕將此
視窗關閉

5-2 實作合併列印—實作信封的地址標籤

接著就來實作合併列印，這裡我們要舉的例子是如何實作信封的地址標籤。首先請先確認已準備好合併列印過程中會使用到的資料來源的試算表，這份試算表的第一列請不要忘記要設定欄位名稱，以作為之前合併列印時可以供各位新增欄位。

	A	B	C	D	E
1	郵遞區號	地址	姓名	稱謂	行動電話
2	807	高雄市三民區鼎昌街18號	陳秋夢	小姐	0974-777-220
3	806	高雄市前鎮區西七街3號	邱奎旭	先生	0902-291-048
4	239	新北市鶯歌區陽明街32號	潘珮君	小姐	0973-882-577
5	737	臺南市鹽水區舊營14號	吳美佩	小姐	0998-195-133
6	437	臺中市大甲區工一路9號	張家吳	先生	0906-626-251
7	830	高雄市鳳山區北維街19號	楊佳茜	小姐	0951-502-268
8	940	屏東縣枋寮鄉東山路14號	陳俊彥	先生	0976-570-622
9	320	桃園市中壢區龍山街8號	潘心怡	小姐	0965-360-673
10	335	桃園市大溪區仁忠街33號	方文婷	小姐	0941-323-307
11	814	高雄市仁武區名山八街6號	張君豪	先生	0966-009-656

←試算表的第一列要記得設定欄位名稱

接下來的工作就是開啟「Avery Label Merge」，接著有 4 項工作必須逐步進行：

1. 設定資料來源
2. 選擇標籤版面
3. 插入合併欄位
4. 產生合併列印結果

5-2-1 設定資料來源

第一件工作就是設定合併列印的資料來源，接著就要示範如何連結儲存在 Google 雲端的 Google 試算表中的清單資料。

於外掛程式索引標籤執行「Avery Label Merge/ Start」指令

按此鈕設定資料來源

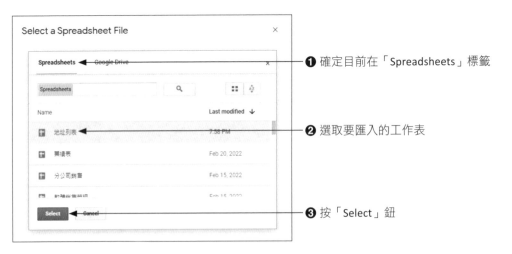

❶ 確定目前在「Spreadsheets」標籤

❷ 選取要匯入的工作表

❸ 按「Select」鈕

5-2-2 選擇標籤版面

接下來的工作就是選擇標籤版面，作法如下：

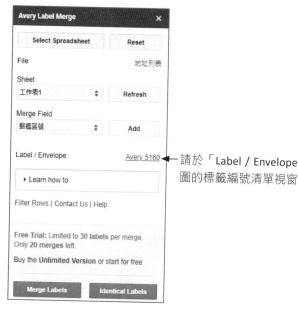

請於「Label / Envelope」右側按下標籤編號，就會顯出如下圖的標籤編號清單視窗

各位可以根據所購買的標籤版面，於此標籤編號清單中找到適合的版面大小，再按下「Apply」鈕進行套用

　　如果標籤編號過多不易找尋，也可以利用關鍵字搜尋的方式快速找到自己想要的標籤版面再進行套用，示範如下：

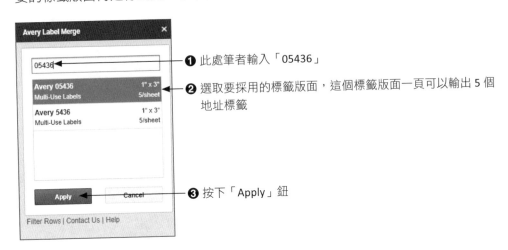

❶ 此處筆者輸入「05436」

❷ 選取要採用的標籤版面，這個標籤版面一頁可以輸出 5 個地址標籤

❸ 按下「Apply」鈕

此處的版面標籤的樣板的文字方塊就是所產生的標籤版面的大小，請不要更動大小

5-2-3　插入合併欄位

　　接下來的工作就是逐一插入合併欄位，請各位先依自己的標籤版面的需求自己編修自己所需要的固定文字，例如寄件者地址。

先行輸入在這個標籤所需要的固定文字，並將輸入游標移動到此

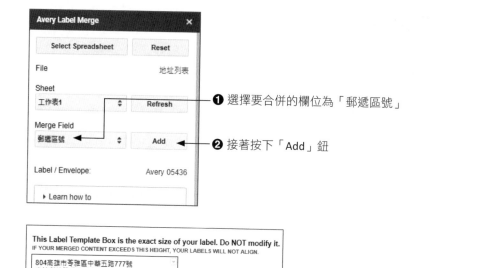

❶ 選擇要合併的欄位為「郵遞區號」

❷ 接著按下「Add」鈕

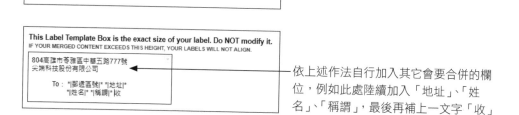

顯示出已插入的「郵遞區號」的合併欄位

依上述作法自行會要合併的欄位，例如此處陸續加入「地址」、「姓名」、「稱謂」，最後再補上一文字「收」

5-2-4 產生合併列印結果

插入了合併欄位後，接著就可以依底下操作示範產生合併列印結果：

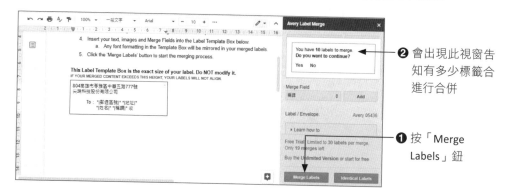

❷ 會出現此視窗告知有多少標籤合進行合併

❶ 按「Merge Labels」鈕

── 詢問是否要進行合併，請接著按「Yes」鈕

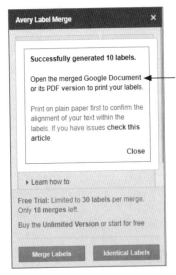

── 如果要在「Google Document」(Google 文件) 開啟這個合併
列印的結果請按此超連結

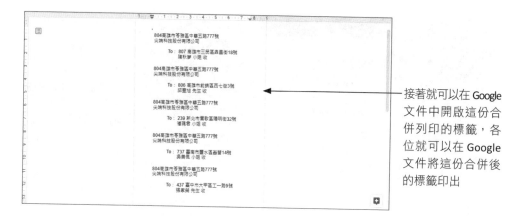

接著就可以在 Google
文件中開啟這份合
併列印的標籤，各
位就可以在 Google
文件將這份合併後
的標籤印出

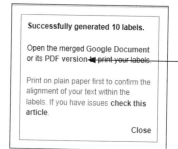

另外如果各位是按「PDF version」這個超連結

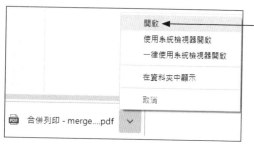

就會將所產生的合併列印的結果以 pdf 的格
式進行下載，各位只要按下右方的下拉式箭
頭，並執行選單中的「開啟」指令

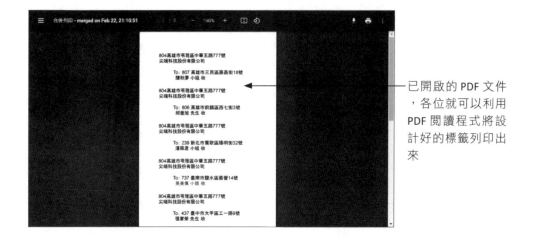

已開啟的 PDF 文件，各位就可以利用 PDF 閱讀程式將設計好的標籤列印出來

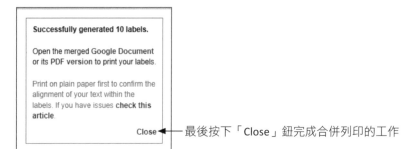

最後按下「Close」鈕完成合併列印的工作

試算表資料的輸入與編輯

Google

現代人的生活可以說跟數字息息相關,從公司的財務報表、資產負債表、家庭預算計劃與學生成績統計…等,每天都必須處理數字資料與金融資訊。「試算表」是一種表格化的計算軟體,能夠以行和列的格式儲存大量資料,幫助使用者進行繁雜的資料計算和統計分析,以製作各種複雜的電子試算表文件,而Google 試算表是一套免費的雲端運算軟體,使用者可透過瀏覽器檢視、編輯或共同處理試算表資料,不僅完全免費,而且所有運算及檔案儲存都在雲端的電腦完成。

6-1 Google 試算表的基礎

利用雲端版的 Google 建立試算表後,不僅可以提供個人進行試算表的應用與編輯,還可以透過「共用」功能提供給親朋好友,只要移動到想要建立連結的工作表,複製網址欄中的網址,然後將連結傳送給具存取權的檢視者或編輯者即可。此章我們將針對 Google 試算表做說明,讓各位也能輕鬆使用它。首先我們針對試算表的建立與基礎編輯做說明,讓各位也能編修試算表的資料。

6-1-1 建立 Google 試算表

要使用 Google 試算表,請連上 Google 首頁(http://www.google.com.tw),並確認已登入 Google 帳號,點選「Google 應用程式」⊞鈕,再從產生的應用程式圖示清單中,點選「試算表」圖示,如下圖所示:

接著點選右下角「+」鈕，即可顯示空白的式算表格，並以「未命名的試算表」為預設檔案。

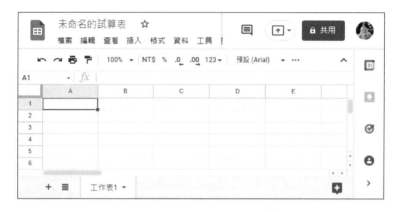

如果想再建立另外一個新試算表時，請執行「檔案 / 新文件 / 試算表」指令：

6-1-2 工作環境簡介

當我們建立一份新的 Google 試算表，會自動開啟一個新檔案，稱為「未儲存的試算表」，預設一張工作表，名稱為「工作表 1」，每張工作表都有一個工作表標籤，位於視窗下方，可用滑鼠點選來進行切換，每張工作表皆是由「直欄」與「橫列」交錯所產生密密麻麻的「儲存格」組成。其工作環境如下圖所示：

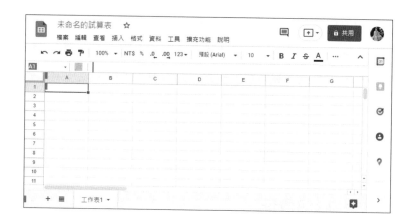

◤ 工作表

工作表是我們操作試算表軟體的工作底稿。工作表標籤位於活頁簿底端，可以滑鼠點選來切換不同的工作表。當我們以滑鼠點選某一個工作表標籤，就會成為「作用工作表」。

◤ 儲存格

最基本的工作對象，在輸入或執行運算時，每個「儲存格」都可視為一個獨立單位。「欄名」是依據英文字母順序命名，「列號」則以數字來排列，欄與列的定位點則稱為「儲存格位址」或「儲存格參照」，例如 B3（第三列 B 欄）、E10（第十列 E 欄）等。

每一個儲存格中的資料，Google 試算表都會賦予一種「資料格式」，不同的「資料格式」在儲存格上會有不同的呈現方式。如果未特別指定，Google 試算表會自行判斷資料內容而給予應有的呈現方式。例如「文字」資料型態，通常以滑鼠選取儲存格，然後輸入中 / 英文內容即可，其預設為靠左對齊。如果是「數值」資料型態，則預設為靠右對齊。如果您並未特別指定它，系統會自行判斷資料內容屬於何種資料格式，而給予應有的呈現方式。

不過，您也可以以手動方式為試算表中的資料套用格式，Google 試算表軟體的「編輯」工具列，有許多設定格式的選項。如果想查看工具列上每一個圖鈕的功能說明，只要將滑鼠游標移到工具列中的圖鈕上，就可以知道該圖示的主要功能。

6-1-3　儲存格參照位址

在 Google 試算表中，每一個儲存格都有「獨一無二」的儲存格位址，此位址是由工作表中以「欄名 + 列號」的方式組合而成的。儲存格參照位址又可區分為以下三種：

儲存格位址類型	內容說明
相對參照位址	公式中所使用的儲存格位址，會因為公式所在位置不同而有相對性的變更，表示法如「B3」。
絕對參照位址	公式內的儲存格位址不會因為儲存格位置的改變而變更位址，例如經過公式複製後，仍指向同一位址的儲存格。表示法是在相對參照位址前加上「$」符號，如「$B$3」。
混合參照位址	綜合上述兩種表示方式，我們可混合使用。也就是當僅需固定某欄參照，而列必需改變參照，或是僅需固定某列參照，而欄必需改變參照時。表示方式如「$B3」或「B$3」。

6-1-4　儲存格輸入與編輯

建立新的 Google 試算表後會自動開啟一張無標題的「工作表 1」，各位可在標題欄上輸入文件標題。如果要在儲存格中開始輸入資料，必須先以滑鼠點選儲存格使其成為「作用儲存格」，然後直接使用鍵盤輸入資料即可。如下圖所示：

📹 儲存格移動方式

輸入鍵	儲存格方式
Enter 鍵	往下移動一格
Tab 鍵	往右移動一格
Shift 鍵與 Tab 鍵	往左移一格
方向鍵「↑」、「↓」、「←」、「→」	移動到上下左右各一格的位置
Shift 鍵與 Enter 鍵	往上移動一格

　　工作表名稱顯示於試算表底端，可以滑鼠點選來切換不同的工作表。當我們以滑鼠點選某一個工作表標籤，就會成為「作用工作表」。如果整個儲存格內容需要修改，只要重新選取要修改的儲存格，直接輸入新資料，按下 Enter 鍵就可以取代原來內容。如果需要保留原有的內容或僅作部分的修改，則先選取該儲存格後，在「資料編輯列」中按下滑鼠左鍵產生插入點，隨後移動插入點的位置來新增文字。別忘記使用 BackSpace 鍵可刪除插入點左邊的字元、Delete 鍵可刪除插入點右邊的字元、方向鍵可移動插入點等。

6-1-5　儲存格範圍選取

　　要針對特定範圍儲存格進行相關操作，必須先進行儲存格的選取，底下為 Google 試算表常見的選取方式：

工作表中的儲存格可以藉由不同的「選取」方法，同時選取單一或多個儲存格成為「作用範圍」，以方便同時進行編輯。當您針對這些儲存格進行相同的編輯動作時，事先選取的儲存格「作用範圍」會呈反白狀，常用的選取方法有以下五種：

作用範圍	操作說明
單一選取範圍	如果是單一儲存格，則直接以滑鼠點選即可。或者是類似矩形區域的相鄰儲存格，先選取第一個儲存格，再按 Shift 鍵來選取此相鄰區域的最後一個儲存格。
多重選取範圍	當作用範圍不是相鄰區域時，稱為「多重範圍」，這時可按住 Ctrl 鍵來一一選取。
全欄選取	按滑鼠左鍵，在欄號上拖曳選取。
全列選取	按滑鼠左鍵，在列號上拖曳選取。
工作表選取	以滑鼠按下工作表左上方的「全選鈕」。

6-1-6 插入與刪除

我們可以視自己的需要在插入功能表插入欄或列，例如向左插入 1 欄或向右插入 1 欄：

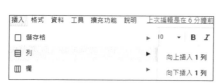 

6-1-7 欄寬與列高

要變更欄或列的大小，可以直接在該欄或該列按下滑鼠右鍵，並執行快顯功能中和大小調整相關的指令，就可以修改欄寬或列高。

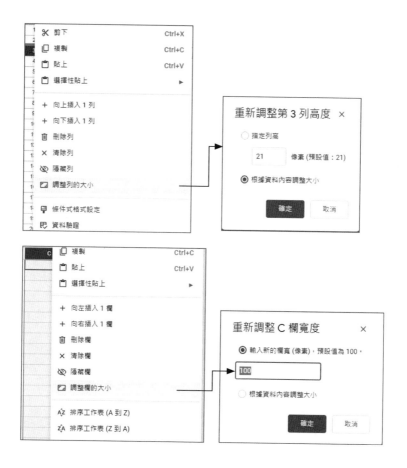

6-1-8　工作表基本操作

　　工作表名稱顯示於活頁簿底端，可以滑鼠點選來切換不同的工作表。當我們以滑鼠點選某一個工作表標籤，就會成為「作用工作表」。使用者可以重新命名工作表達到管理工作表的目的。變更工作表的方法為：選取欲重新命名的工作表標籤，按滑鼠左鍵，執行「重新命名」指令。

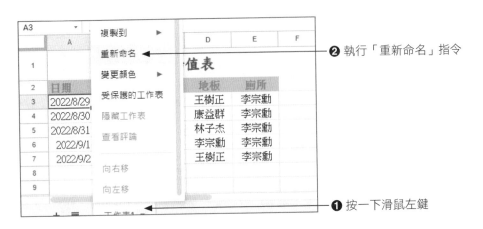

❷ 執行「重新命名」指令

❶ 按一下滑鼠左鍵

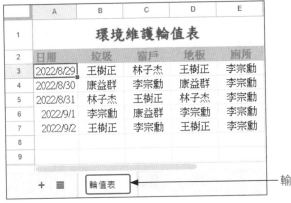

輸入工作表新名稱，按「Enter」鍵確認

🎥 新增工作表

當開啟 Google 試算表時，會出現 1 個預設的工作表，使用者可以依據實際需要新增工作表。最快的方法工作表下方的工作列，按滑鼠左鍵執行「新增工作表」指令。

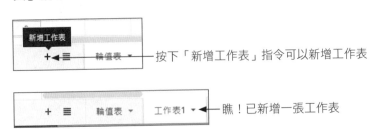

按下「新增工作表」指令可以新增工作表

瞧！已新增一張工作表

🎬 刪除工作表

要刪除工作表，只要在工作表標籤按一下滑鼠左鍵，執行功能表中的「刪除」指令。

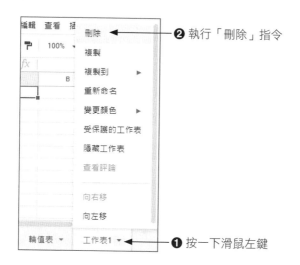

❷ 執行「刪除」指令

❶ 按一下滑鼠左鍵

❸ 按「確定」鈕

工作表已被刪除了

🎬 檢視所有工作表

如果您的一份文件中有許多個工作表，您還可以透過工作表右下方新增加的一個清單來迅速檢視所有的工作表。例如，各位可以試著依上述新增工作表的作法，新增兩張工作表，名稱分別為「研發部」、「業務部」，依下圖所指示的位置，就可以檢視所有工作表。

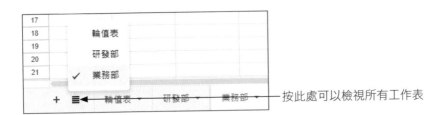

按此處可以檢視所有工作表

📹 複製工作表

要複製工作表也很簡單，在 Google 試算表中，提供兩種複製工作表的方式，其中「複製」指令可以直接在同一個檔案產生工作表的副本；而「複製到」則可以將工作表複製到指定的試算表檔案。

1. 複製－在同一個試算表檔案中，產生一個工作表副本，此處示範在同一試算表檔案複製「輪值表」工作表。

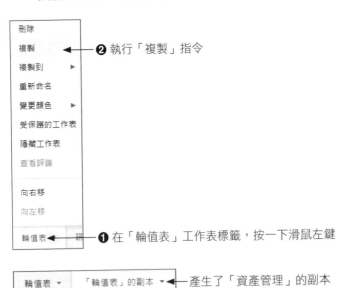

❷ 執行「複製」指令

❶ 在「輪值表」工作表標籤，按一下滑鼠左鍵

產生了「資產管理」的副本

2. 複製到－將工作表複製到指定的試算表檔案。

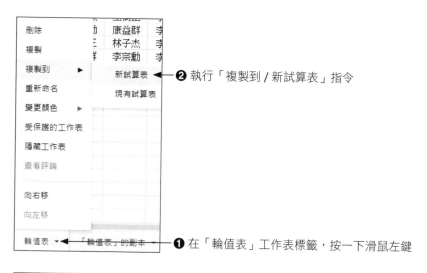

❷ 執行「複製到 / 新試算表」指令

❶ 在「輪值表」工作表標籤，按一下滑鼠左鍵

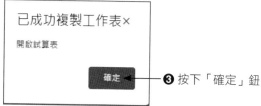

❸ 按下「確定」鈕

移動工作表

如果要移動工作表的位置，只要按下工作表標籤，在功能表清單中選擇「向右移」、「向左移」指令，就可以移動工作表位置，如下圖所示：

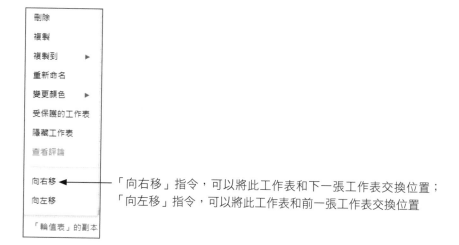

「向右移」指令，可以將此工作表和下一張工作表交換位置；
「向左移」指令，可以將此工作表和前一張工作表交換位置

6-2 美化試算表外觀

當你將試算表格的資料輸入完成後，為了讓資料更清楚易視，你可以將表格美化，像是設定文字格式、儲存格色彩、加入表格標題、插入圖片等，都能讓試算表格看起來不單調又美觀。

6-2-1 儲存格格式化

Google 試算表提供了儲存格格式化的功能，不論使用者想要對儲存格進行字體大小、文字格式、文字顏色、儲存格背景色彩、邊框、對齊…等，都可以透過「格式工具列」進行設定。

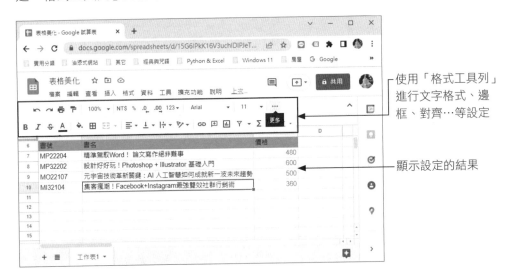

使用「格式工具列」進行文字格式、邊框、對齊…等設定

顯示設定的結果

6-2-2 插入標題列

在試算表上方插入標題列可以讓表格內容更清晰。我們可以在第一列上方插入一列，再重新調整列高，列高的調整可以滑鼠拖曳的方式，或是輸入特定的數值。在此示範設定方式，同時學習儲存格的合併和垂直對齊設定。

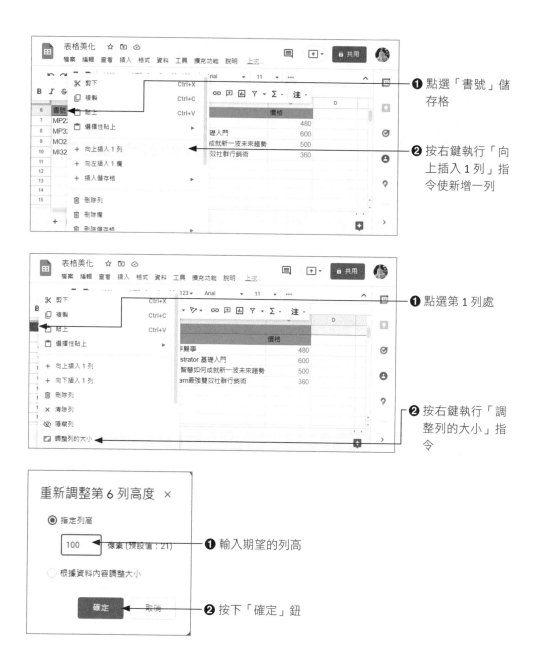

❶ 點選「書號」儲存格

❷ 按右鍵執行「向上插入 1 列」指令使新增一列

❶ 點選第 1 列處

❷ 按右鍵執行「調整列的大小」指令

❶ 輸入期望的列高

❷ 按下「確定」鈕

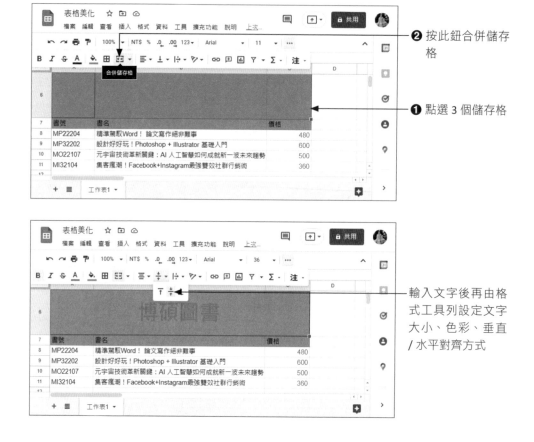

❷ 按此鈕合併儲存格

❶ 點選 3 個儲存格

輸入文字後再由格式工具列設定文字大小、色彩、垂直 / 水平對齊方式

6-2-3　插入美美圖片

　　試算表中也可以和 Google 文件一樣選擇插入圖片。選定儲存格後,執行「插入 / 圖片 / 在儲存格上方插入圖片」指令,就可以選擇「上傳」、「拍攝快照」、「使用網址上傳」、「您的相簿」、「雲端硬碟」、「搜尋」等插入方式。

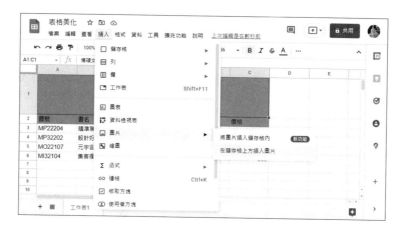

　　圖片插入後，可透過四角的控制點來縮放大小，也可以設定圖片擺放的位置。

6-3 檔案管理

在建立工作表後，當然要儲存起這個檔案，讓下次要製作相同的表格時，只要開啟此檔案並加以修改即可。

6-3-1 自動儲存

編輯 Google 試算表檔案會自動儲存檔案，當要查看所編輯的檔案是否已儲存成功，可以按下「」圖檔鈕，如果出現「所有變更都已儲存到雲端硬碟」表示該檔案已儲存成功。

6-3-2 離線編輯

離線編輯是一種允許 Google 文件在沒有網路連線的情況下仍然可以進行文件編輯的工作，接著我們就來示範如何讓 Google 試算表具備離線編輯的功能，首先必須先行確認 Chrome 瀏覽器是否已開啟「Google 文件離線版」，下一步再到 Google 試算表的主選單中開啟 Google 試算表的離線功能。

❶ 於 Chrome 瀏覽器按此鈕

❷ 執行「更多工具 / 擴充功能」指令

確認「Google 文件離線版」的擴充功能已開啟

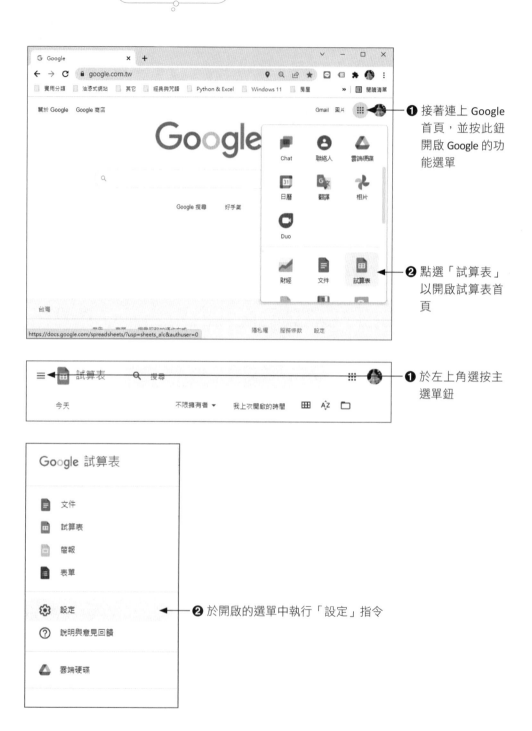

❶ 接著連上 Google 首頁,並按此鈕開啟 Google 的功能選單

❷ 點選「試算表」以開啟試算表首頁

❶ 於左上角選按主選單鈕

❷ 於開啟的選單中執行「設定」指令

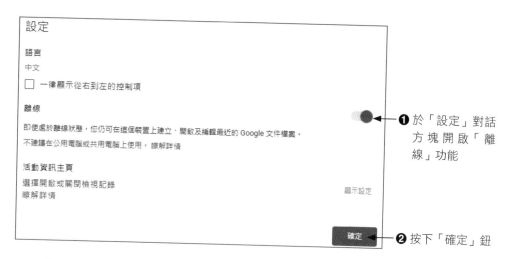

❶ 於「設定」對話
方塊開啟「離
線」功能

❷ 按下「確定」鈕

當我們完成離線編輯的設定之後,如果 Google 試算表在編輯的過程中,突然發生網路斷線,這種情況下,正在編輯的 Google 試算表文件就會顯示「離線作業」:

即使在這種情況下,仍然可以進行該試算表的編輯工作,並在編輯的過程中,可以在畫面上方看到「已儲存到這部裝置」,這個意思就是指已將該試算表所變更的內容儲存到本機端的電腦硬碟之中,不過要能順利儲存這個離線編輯的檔案,必須要先確認本機端的電腦有足夠的硬碟空間。

一旦下次有機會使用 Chrome 瀏覽器重新連上網路,就會自動將儲存在本機端硬碟所編修的 Google 試算表上傳到各位專屬帳號的雲端硬碟中。

6-3-3 建立副本

如果你要將 Google 試算表內容，在本機端電腦建立副本，可以執行「檔案 / 建立副本」指令，接著輸入新建的副本名稱，按下「確定」鈕即可。

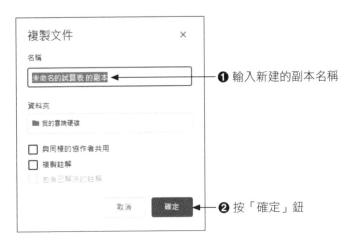

❶ 輸入新建的副本名稱

❷ 按「確定」鈕

6-3-4 開啟舊檔

要開啟已儲存的試算表，可以執行「檔案 / 開啟」指令，選定要開啟的試算表，按下該開啟檔名的超連結，就可以將該試算表加以開啟。

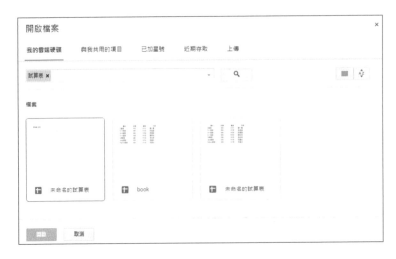

如果要上傳電腦中的檔案，請在「開啟檔案」視窗切換到「上傳」索引標籤，並於下圖中按下「選取裝置中的檔案」，再選定所要上傳的檔案，接著按「開啟舊檔」鈕即可。

6-3-5　工作表列印

建立好檔案之後，最主要的就是把檔案給列印出來，首先確定印表機是否開啟且與電腦連結。如果您需要文件的書面版本，可以執行「檔案 / 列印」指令，此時會出現一個「列印設定」的對話方塊，可以讓你設定列印「範圍」、「紙張大小」、「頁面方向」、「縮放比例」、「邊界」、「格式設定」、「頁首和頁尾」等，如下圖所示：

其中範圍設定有「目前的工作表」、「工作簿」、「所選的儲存格」三種：

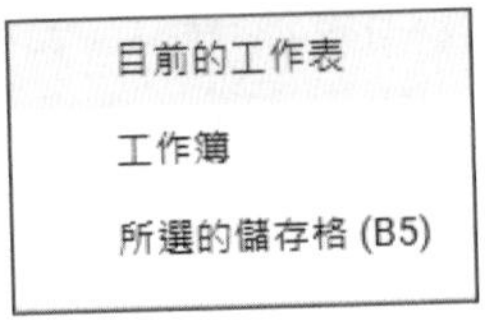

目前的工作表

工作簿

所選的儲存格 (B5)

至於「方向」則有「橫印」及「直印」（建議使用）兩種選項。而紙張尺寸，則有下圖的多種選擇：

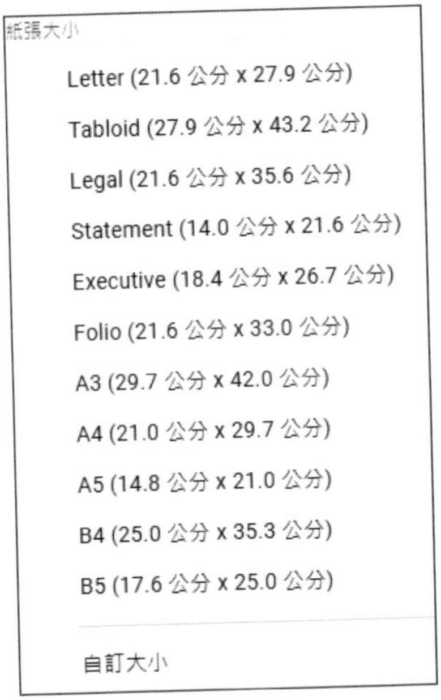

紙張大小

Letter (21.6 公分 x 27.9 公分)

Tabloid (27.9 公分 x 43.2 公分)

Legal (21.6 公分 x 35.6 公分)

Statement (14.0 公分 x 21.6 公分)

Executive (18.4 公分 x 26.7 公分)

Folio (21.6 公分 x 33.0 公分)

A3 (29.7 公分 x 42.0 公分)

A4 (21.0 公分 x 29.7 公分)

A5 (14.8 公分 x 21.0 公分)

B4 (25.0 公分 x 35.3 公分)

B5 (17.6 公分 x 25.0 公分)

自訂大小

公式與函式應用

Google

多數使用試算表的原因，除了因為它可以記錄很多的資料、快速查詢、篩選資料外，最大的特點是因為它可以進行公式與函式的計算。

7-1 認識公式與函式

Google 試算表中的計算模式是使用儲存格參照來進行，同時要以「=」來做為計算的開頭。例如：各位只要在「F3」的儲存格中輸入「=C3+D3+B4+E3」後再按下「Enter」鍵，Excel 就會自動將各個儲存格之中的資料讀取進行加總計算。

Google 試算表在運算時也是遵守「先乘除、後加減」的運算法則，若要讓加減優先運算時可以使用括號來進行。

7-1-1 公式的形式

在 Google 試算表中，我們可利用公式來進行數據的運算，Google 試算表的公式形式可以分為以下三種：

公式形式	功能說明	範例說明
數學公式	這種公式是由數學運算子、數值及儲存格位址組成。	=C1*C2/D1*0.5
文字連結公式	公式中要加上文字，必須以兩個雙引號（"）將文字括起來，而文字中的內容互相連結，則使用（&）符號。	=" 平均分數 "&A1
比較公式	是由儲存格位址、數值或公式兩相比較的結果。	=D1>=SUM(A1:A2)

公式型態中最簡單的一種，主要是使用「＋」、「－」、「×」、「÷」、「％」、「^」（次方）算術運算所求出來的值。例如 A4=A1+A2+A3。比較公式，也是公式型態的一種，主要由儲存格位址、數值或公式兩相比較的結果，通常為「TRUE」真值或「FALSE」假值的邏輯值，常見比較算式符號有「＝」、「＜」、「＞」、「＜＝」、「＞＝」、「＜＞」。

7-1-2 函式的輸入

　　函式型態也算是公式的一種，但函式可以大幅簡化輸入工作。Google 試算表預先將複雜的計算式定義成為函式，並給予適當引數，使用者只要依照指定步驟進行計算即可。

　　編輯函式先要以「＝」開頭，每一個函式都包含了函式名稱、小括號以及引數三個部份。函式名稱多為函式功能的英文縮寫，如 SUM（加總）、MAX（最大值）、MIN（最小值）…等，在小括號內則是該函式會使用到的引數，引數可以是參照位址、儲存範圍、文字、數值、其他函式等。

＝函式名稱（引數 1, 引數 2…, 引數 N）

- 函式名稱：Google 試算表預先定義好的公式名稱，多為函式功能的英文縮寫，如 SUM（加總）、MAX（最大值）、MIN（最小值）…等。

- 小括號：在小括號內則是該函式會使用到的引數。雖然有些函式並不需要引數，不過小括號還是不可以省略。

- 引數：要傳入函式中進行運算的內容，可以是參照位址、儲存範圍、文字、數值、其他函式等。不過這些引數必須是合乎函式語法的有效值才能正確計算。

　　以加總計算來說，各位必須將每個要計算的儲存格都輸入才能得到正確的答案，但是如果各位使用 Google 試算表所提供的 SUM() 函式來進行，其語法為 SUM（儲存格範圍）。所以各位只要在「B10」儲存格中輸入「=SUM（B2:B9）」之後再按下 Enter 鍵就可以求得加總結果了。其中（B2:B9）就是代表由 B2 儲存格到 B9 儲存格的意思。

現有的 Google 試算表中常見的函式類別：日期、文字、工程、篩選器、財務、Google、資料庫、邏輯、陣列、資訊、查詢、數學、運算子、統計、網頁…等。在 Google 試算表，如果要將公式新增到試算表中，請依照下列指示執行：

1. 任意按兩下空儲存格。

2. 執行「插入 / 函式」指令，從出現的清單中選取公式，例如本例我們選擇 SUM 函式。

3. 設定參數範圍。

4. 輸出儲存結果。

7-1-3 函式的複製

另外，公式複製與相對參照可以使用於多數且相同計算式或函式的計算。以上面的加總為例，在「A6」儲存格所輸入的 SUM() 函式是對應到（A1 到 A5）儲存格範圍，而「B6」儲存格則是對應到（B1 到 B5）的儲存格範圍，各位可以看出其函式的內容都是有規則性的。

所以此時只要在「A6」儲存格中輸入「=SUM(A1:A5)」之後，當我們進行公式複製時，Google 試算表就會自動調整函式中對應的儲存格範圍並且進行計算。此種方式就是「公式複製」，而其儲存格所對應的方式就是「相對參照」。

當使用者將資料輸入與工作表後，Google 試算表作用儲存格下方有一個小方點稱為「填滿控點」，透過這個小方點可以讓我們省去很多資料輸入時間。它的功用是輸入資料時可發揮複製到其他相鄰儲存格的功能。公式（或函式）也可以利用填滿控點功能，將公式（或函式）填滿到所選取的儲存格。

	A	B
1	10	65
2	20	35
3	30	45
4	40	89
5	50	17
6	150	

◀── 作用儲存格下方有一個小方點稱為「填滿控點」

A6:B6　　▾　　*fx*　　=SUM(A1:A5)

	A	B
1	10	65
2	20	35
3	30	45
4	40	89
5	50	17
6	150	251

◀── 拖曳填滿控點可發揮複製到其他相鄰儲存格的功能

B6　　▾　　*fx*　　=SUM(B1:B5)

◀── 公式（或函式）可以利用填滿控點，將公式（或函式）填滿到所選取的儲存格

	A	B
1	10	65
2	20	35
3	30	45
4	40	89
5	50	17
6	150	251

7-1-4　常見的函式

接下來我們將列出，一些常用函式語法、分類、函式說明及運算實例，請看下表的說明：

函式語法	類型	函式說明	運算實例
SUM(數字 _1, 數字 _2, ... 數字 _30)	數學	加總：將儲存格範圍內的所有數字相加。 數字 _1、數字 _2、... 數字 _30 是最多 30 個要計算總和的引數。您也可以使用儲存格參照輸入範圍。	=SUM(A1:B3)，將 A1 到 B3 儲存格範圍進行加總
AVERAGE(數字 _1, 數字 _2, ... 數字 _30)	統計	平均值：計算所引數範圍內的平均值。數字 _1、數字 _2、... 數字 _30 是數值或範圍。	AVERAGE(B2:D3)，計算 B2、C2、D2、B3、C3、D3 的平均值。
MAX(數字 _1, 數字 _2, ... 數字 _30)	統計	最大值：求取指定範圍中的最大值。數字 _1、數字 _2、... 數字 _30 是數值或範圍。	MAX(A2:B3)，求 A2 到 B3 範圍內的最大值。
MIN(數字 _1, 數字 _2, ... 數字 _30)	統計	最小值：求取指定範圍中的最小值。數字 _1、數字 _2、... 數字 _30 是數值或範圍。	MIN(A5:B8)，求 A5 到 B8 範圍內的最小。
COUNT(數字 _1, 數字 _2, ... 數字 _30)	統計	計算指定範圍內，含有數值資料的個數。數字 _1、數字 _2、... 數字 _30 是數值或範圍。	COUNT(A1:C3)，計算 A1:C3 儲存格範圍內數值資料的個數。
COUNTIF(範圍 , 條件)	數學	COUNTIF() 函式功能主要是用來計算指定範圍內符合指定條件的儲存格數值。「範圍」是指計算指定條件儲存格的範圍,「條件」此為比較條件,可為數值、文字或是儲存格。若直接點選儲存格則表示選取範圍中的資料必須與儲存格吻合；若為數值或文字則必須加上雙引號來區別	=COUNTIF(A1:A10,">5") 計算指定範圍內數值大於 5 的儲存格數目。

7-1-5　不同工作表間的儲存格參照

　　公式的參照儲存格位址或儲存格範圍，參照到其他工作表，只要在要輸入資料的儲存格之前參照工作表名稱和驚歎號，就可以將該工作表的資料複製到另一

張工作表上。請注意：如果工作表名稱中有空格或其他非英數符號，您必須在名稱前後加上單引號。例如下列二例都是合法的工作表參照的表示方式：

= 工作表 1!A1

=' 工作表第一班 '!B4

當您無法記住較冗長的公式，或想省量輸入過長的公式，都可以使用自動完成功能來加速公式的輸入工作。

只需要輸入公式的前幾個字元，在所輸入儲存格下方，就會自動彈出以該字母開頭的相關公式清單。接著再從清單中選擇一個公式，輸入所要的值，就可以使用該公式，例如：下圖的公式輸入為「=S」，一輸入完畢後，就會列出所有以 S 開頭的函式，以供使用從清單中選擇一個公式，並輸入所要的值。

7-2 成績計算表

計算加總 SUM、計算平均 AVERAGE、公式（或函式）填滿、RANK 函式設定名次。

7-2-1　計算員工總成績

在瞭解 SUM() 函式後，接下來將延續上述範例來繼續說明如何計算員工總成績。

【範例】以自動加總計算總成績

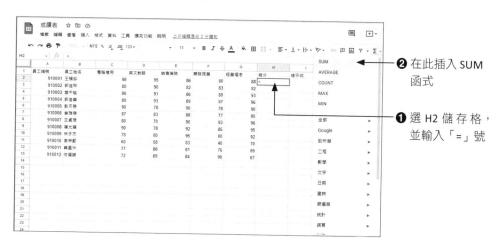

❷ 在此插入 SUM 函式

❶ 選 H2 儲存格，並輸入「=」號

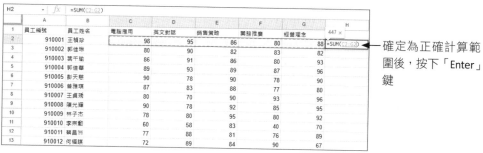

確定為正確計算範圍後，按下「Enter」鍵

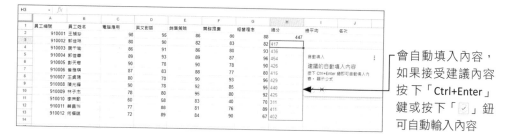

會自動填入內容，如果接受建議內容按下「Ctrl+Enter」鍵或按下「☑」鈕可自動輸入內容

H3		fx	=SUM(C3:G3)					
	A	B	C	D	E	F	G	H
1	員工編號	員工姓名	電腦應用	英文對話	銷售策略	業務推廣	經營理念	總分
2	910001	王楨珍	98	95	86	80	88	447
3	910002	郭佳琳	80	90	82	83	82	417
4	910003	葉千瑜	86	91	86	80	93	436
5	910004	郭佳華	89	93	89	87	96	454
6	910005	彭天慈	90	78	90	78	90	426
7	910006	曾雅琪	87	83	88	77	80	415
8	910007	王貞琇	80	70	90	93	96	429
9	910008	陳光輝	90	78	92	85	95	440
10	910009	林子杰	78	80	95	80	92	425
11	910010	李宗勳	60	58	83	40	70	311
12	910011	蔡昌洲	77	88	81	76	89	411
13	910012	何福謀	72	89	84	90	67	402

◀── 總分計算工作已完成

7-2-2　員工成績平均分數

計算出員工的總成績之後，接下來就來看看如何計算成績的平均分數。在此小節中，將先說明計算平均成績的 AVERAGE() 函式，然後再以實例講解。在計算平均成績前，首先來看看計算平均分數的 AVERAGE() 函式。以下為 AVERAGE() 函式說明。

📹 AVERAGE() 函式

【語法】AVERAGE(Number1:Number2)

【說明】函式中 Number1 及 Number2 引數代表來源資料的範圍，會自動計算總共有幾個數值，在加總之後再除以計算出來的數值單位。

使用 AVERAGE() 函式與使用 SUM() 函式的方法雷同，只要先選取好儲存格，再插入 AVERAGE 函式即可。以下將延續上一節範例來說明。

【範例】計算成績平均

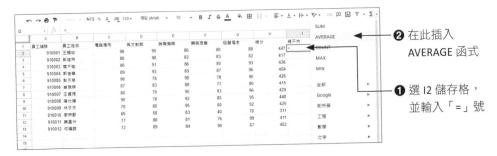

❷ 在此插入 AVERAGE 函式

❶ 選 I2 儲存格，並輸入「=」號

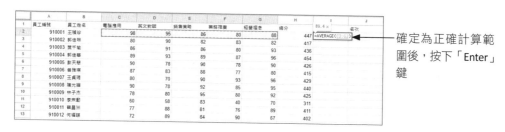

確定為正確計算範圍後，按下「Enter」鍵

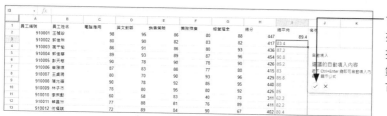

會自動填入內容，如果接受建議內容按下「Ctrl+Enter」鍵或按下「☑」鈕可自動輸入內容

總平均計算工作已完成

　　知道了總成績與平均分數之後，接下來將瞭解員工名次的排列順序。在排列員工成績的順序時，可以運用 RANK() 函式來進行成績名次的排序。知道 RANK() 函式的意義之後，緊接著就以實例來說明。

【範例】排列員工成績名次

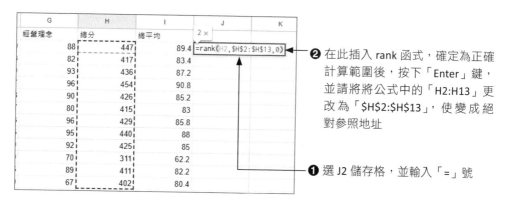

❷ 在此插入 rank 函式，確定為正確計算範圍後，按下「Enter」鍵，並請將將公式中的「H2:H13」更改為「$H$2:$H$13」，使變成絕對參照地址

❶ 選 J2 儲存格，並輸入「=」號

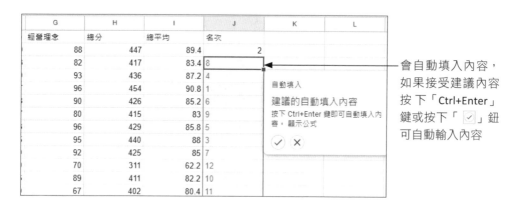

會自動填入內容，如果接受建議內容按下「Ctrl+Enter」鍵或按下「☑」鈕可自動輸入內容

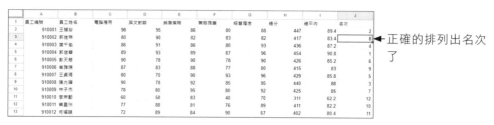

正確的排列出名次了

很簡單吧！不費吹灰之力就已經把在職訓練成績計算表的名次給排列出來了！

7-3 成績查詢表

當建立好所有員工成績統計表後，為了方便查詢不同員工的成績，需要建立一個成績查詢表，讓使用者只要輸入員工編號後就可直接查詢到此員工的成績資料。而在此查詢表中，需要運用到 VLOOKUP() 函式。因此在建立查詢表前，先來認識 VLOOKUP() 函式。

7-3-1 VLOOKUP() 函式說明

VLOOKUP() 函式是用來找出指定「資料範圍」的最左欄中符合「特定值」的資料，然後依據「索引值」傳回第幾個欄位的值。

🎥 VLOOKUP() 函式

【語法】VLOOKUP(lookup_value,Table_array,Col_index_num,Range_looKup)

【說明】以下表格為 VLOOKUP() 函式中的引數說明：

引數名稱	說明
Lookup_value	搜尋資料的條件依據
Table_array	搜尋資料範圍
Col_index_num	指定傳回範圍中符合條件的那一欄
Range_lookup	此為邏輯值，如果設為 True 或省略，則會找出部分符合的值；如果設為 False，則會找出全符合的值

看完 VLOOKUP() 函式的說明後，可能還是覺得一頭霧水。別擔心，以下將以舉例的方式，讓各位瞭解。

- 函式舉例：以下為各式車的價格

	A	B	C
1	001	賓士	200 萬
2	002	BMW	190 萬
3	003	馬自達	80 萬
4	004	裕隆	60 萬

如果設定的 VLOOKUP() 函式為：

VLOOKUP(004,A1:C4,2,0)

由左至右的 4 個參數意義如下：

- 在最左欄尋找 "004"
- 代表搜尋範圍

- 傳回第 2 欄資料

- 表示需找到完全符合的條件

  所以此 VLOOKUP() 函式會傳回「裕隆」二字。

7-3-2 建立成績查詢表

接著我們可以新增一張工作表名為「成績查詢表」，請自行輸入如下的工作表內容，接著就可以開始輸入各儲存格的公式，如下表所示：

C4 儲存格公式	=VLOOKUP（$B$1, 成績表 !$A$1:$J$13,2,0）
C5 儲存格公式	=VLOOKUP（$B$1, 成績表 !$A$1:$J$13,3,0）
C6 儲存格公式	=VLOOKUP（$B$1, 成績表 !$A$1:$J$13,4,0）
C7 儲存格公式	=VLOOKUP（$B$1, 成績表 !$A$1:$J$13,5,0）
C8 儲存格公式	=VLOOKUP（$B$1, 成績表 !$A$1:$J$13,6,0）
C9 儲存格公式	=VLOOKUP（$B$1, 成績表 !$A$1:$J$13,7,0）
E4 儲存格公式	=VLOOKUP（$B$1, 成績表 !$A$1:$J$13,8,0）
E5 儲存格公式	=VLOOKUP（$B$1, 成績表 !$A$1:$J$13,9,0）
E6 儲存格公式	=VLOOKUP（$B$1, 成績表 !$A$1:$J$13,10,0）

C4		*fx*	=VLOOKUP($B$1,'成績表'!$A$1:$J$13,2,0)	
	A	B	C	D
1	請輸入員工編號：			
2				
3	查詢結果如下：			
4		員工姓名	#N/A	總分
5		電腦應用		平均
6		英文對話		名次
7		銷售策略		
8		業務推廣		
9		經營理念		

於 C4 輸入公式「=VLOOKUP($B$1, 成績表 !$A$1:$J$13, 2,0)」，因為 B1 儲存格還沒有輸入任何資料，所以會出現 #N/A

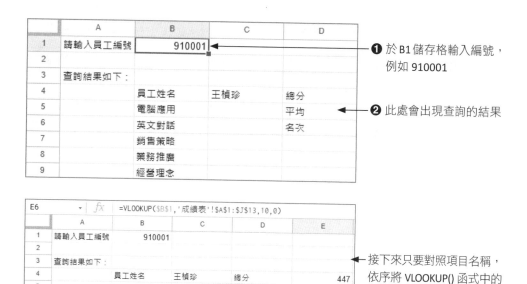

❶ 於 B1 儲存格輸入編號，例如 910001

❷ 此處會出現查詢的結果

接下來只要對照項目名稱，依序將 VLOOKUP() 函式中的「Col_index_num」引數值依照參照欄位位置改為 3、4、5⋯等即可。

7-4 計算合格與不合格人數

為了提供成績查詢更多的資料，接下來將在員工成績查詢工作表中加入合格與不合格的人數，讓查詢者瞭解與其他人的差距。在計算合格與不合格人數中，必須運用到 COUNTIF() 函式，所以首先將講解 COUNTIF() 函式的使用方法。

7-4-1　COUNTIF() 函式說明

COUNTIF()函式功能主要是用來計算指定範圍內符合指定條件的儲存格數值。

📹 COUNTIF() 函式

【語法】COUNTIF (range,criteria)

【說明】以下表格為函式中的引數說明：

引數名稱	說明
Range	計算指定條件儲存格的範圍
Criteria	此為比較條件，可為數值、文字或是儲存格。如果直接點選儲存格則表示選取範圍中的資料必須與儲存格吻合；如果為數值或文字則必須加上雙引號來區別

7-4-2　顯示成績合格與不合格人數

瞭解 COUNTIF() 函式之後，接下來就以實例來說明。

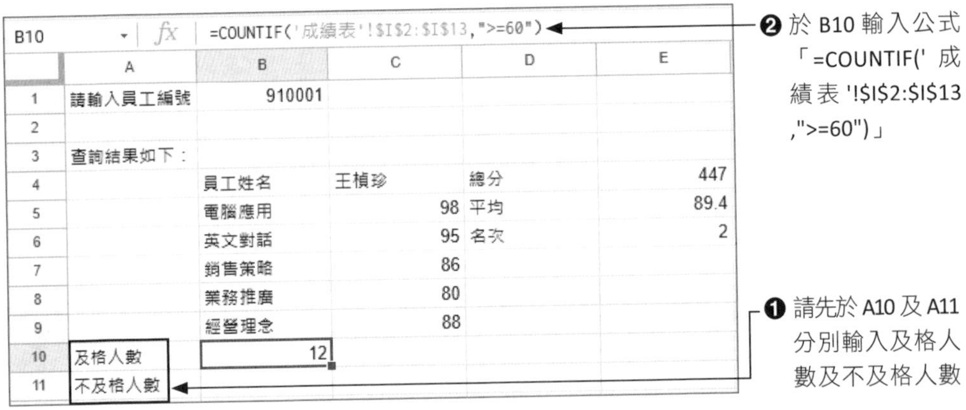

❷ 於 B10 輸入公式「=COUNTIF(' 成績表 '!$I$2:$I$13,">=60")」

❶ 請先於 A10 及 A11 分別輸入及格人數及不及格人數

輸入完公式後就可以在 B10 儲存格出現合格人數。至於不合格人數的作法與上述步驟雷同，只要將引數 Criteria 欄位中的值改為「"<60"」，即可。其成果如下圖：

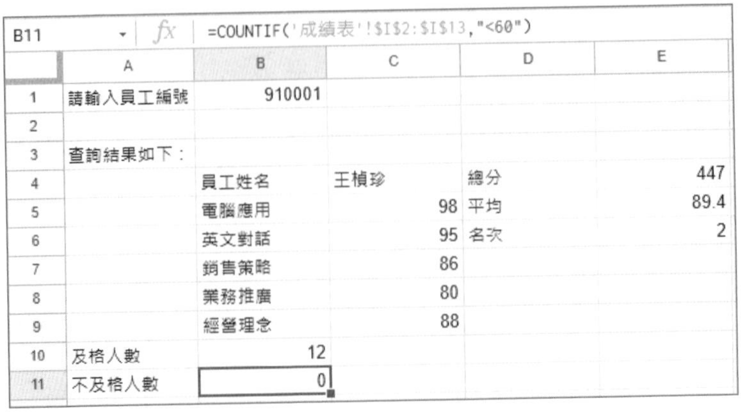

資料庫管理與圖表

Google

Google 試算表的資料「排序」與「篩選」功能，為資料分析時相當重要的工具。除了可以讓您快速找到某一資料外，更可以瞭解各資料記錄間的相對關係。本章將以「軟體銷售管理」的工作表為例，示範如何在 Google 試算表進行資料的排序與篩選。

	A	B	C	D	E	F	G	H
1	產品類別	產品編號	產品名稱	銷售學校	業務編號	定價	銷售組數	營業額
2	全腦句型速記	ZCT1001	全腦速記新多益英語檢定	大義中學	S001	1000	100	100000
3	全腦句型速記	ZCT1002	全腦速記俄語初級檢定	仁愛中學	S002	1000	20	20000
4	全腦句型速記	ZCT1003	全腦速記西班牙語初級檢定	和平高中	S002	1000	50	50000
5	全腦句型速記	ZCT1004	全腦速記韓語初級檢定	仁愛中學	S002	1000	48	48000
6	全腦句型速記	ZCT1005	全腦速記德語初級檢定	復興高中	S002	1000	36	36000
7	全腦句型速記	ZCT1006	全腦速記法語初級檢定	郭仁高中	S001	1000	35	35000
8	全腦句型速記	ZCT1007	全腦速記越南語初級檢定	復興高中	S001	1000	78	78000
9	全腦句型速記	ZCT1008	全腦速記泰語初級檢定	南陵高中	S003	1000	78	78000
10	全腦句型速記	ZCT1009	全腦速記日本語能力檢定N5級	郭仁高中	S002	1000	215	215000
11	右腦圖像速記	ZCT2001	右腦圖像速記美國大學學術水平英語檢定(SAT)	南陵高中	S003	800	60	48000
12	右腦圖像速記	ZCT2002	右腦圖像速記托福考試	南陵高中	S003	800	50	40000
13	外國人學中文	ZCT5001	用越南語學繁體中文初級	和平高中	S002	1500	40	60000
14	外國人學中文	ZCT5002	用印尼語學繁體中文初級	復興高中	S002	1500	40	60000
15	外國人學中文	ZCT5003	用英語學繁體中文初級	郭仁高中	S001	1500	80	120000
16	外國人學中文	ZCT5004	用泰語學繁體中文初級	復興高中	S002	1500	30	45000

另外，圖表能將複雜的數字轉化為輕鬆易讀的圖形，讓瀏覽者快速解讀數字背後所代表的意義。在這個例子的最後，會結合圖表的功能，並在 Google 試算表插入及編輯圖表。

8-1 利用 Google 試算表排序資料

接下來我們將會以「軟體銷售管理」的工作表為例，示範如何在 Google 試算表進行資料的排序。

8-1-1 單一欄位排序

Google 試算表資料排序的方法，從指定單一欄位排序，到一個以上的欄位排序都難不倒。建立好圖書資料庫之後，接著將介紹如何針對某特定欄位進行排序。當資料根據指定欄位排序後，就可以清楚看出資料間的大小關係。例如：如

果你想依「營業額」進行遞減排序，則工作表內容會依營業額的大小，以由大到
小的方式排序。要進行排序可以先行建立篩選器，再依自己的需求進行排序。

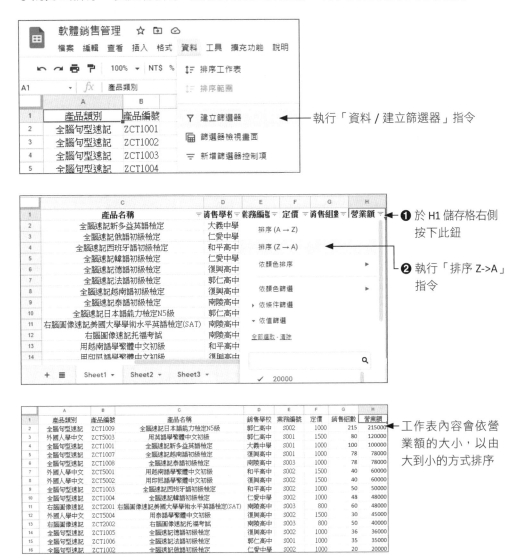

執行「資料 / 建立篩選器」指令

❶ 於 H1 儲存格右側
按下此鈕

❷ 執行「排序 Z->A」
指令

工作表內容會依營
業額的大小，以由
大到小的方式排序

排序完成後，就可以移除篩選器，作法如下：

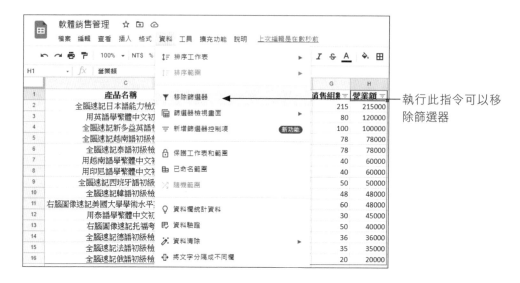

執行此指令可以移
除篩選器

補充說明

此處要介紹一個小技巧，如果你想
固定橫列標題，可以由「查看」功
能表中的「凍結」指令：

例如右圖中的「1 列」，可以將第
一列固定，當工作表內容往下移動
時，仍然可以看到第一列的標題

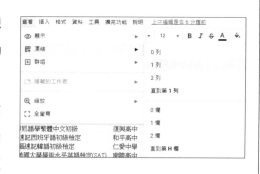

列，不會因為工作表內容下移，而跑出螢幕之外。請各位試著執行上圖指
令，將第一列固定，再將工作表內容下移，就可以往下看到更下面的工作表
內容，但標題列仍然固定不動。

	C	D	E	F	G	H
1	產品名稱	消售學校	業務編號	定價	消售組數	營業額
9	全腦速記西班牙語初級檢定	和平高中	S002	1000	50	50000
10	全腦速記韓語初級檢定	仁愛中學	S002	1000	48	48000
11	右腦圖像速記美國大學學術水平英語檢定(SAT)	南陵高中	S003	800	60	48000
12	用泰語學繁體中文初級	復興高中	S002	1500	30	45000
13	右腦圖像速記托福考試	南陵高中	S003	800	50	40000
14	全腦速記德語初級檢定	復興高中	S002	1000	36	36000
15	全腦速記法語初級檢定	郭仁高中	S001	1000	35	35000
16	全腦速記俄語初級檢定	仁愛中學	S002	1000	20	20000

8-1-2　多欄位排序

　　除了單一鍵排序外，你也可以指定第一排序鍵、第二排序鍵及第三排序鍵。接著，為各位示範第一排序鍵「產品類別」，第二排序鍵「產品編號」，第三排序鍵「營業額」的排序過程。

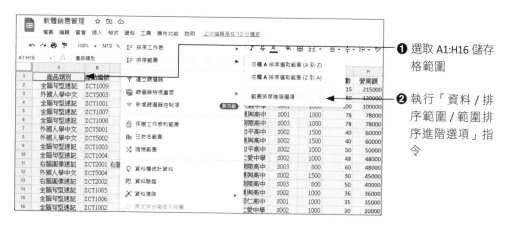

- **設定第一順位排序鍵**－指定第一順位排序鍵，並設定其排序方式為「A->Z」遞增排序。

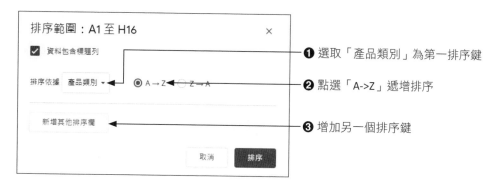

- **設定第二順位排序鍵**－指定第二順位排序鍵，並設定其排序方式為「A->Z」遞增排序。

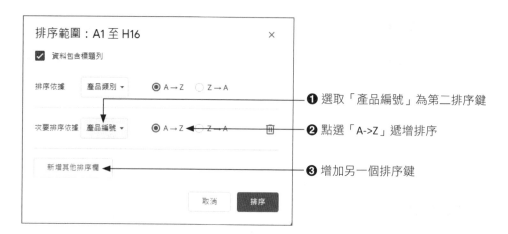

■ **設定第三順位排序鍵**－指定第三順位排序鍵，並設定其排序方式為「Z->A」遞減排序。

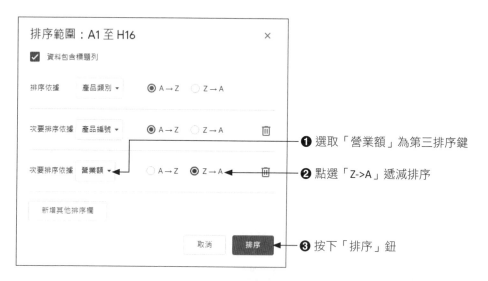

■ **完成排序**－各位可以在下圖工作表看到，會先以「產品類別」進行由小到大排序，當「產品類別」名稱相同時，則以「產品編號」由小到大進行排序，當「產品編號」又相同時，則再以「營業額」由大到小排序。

	A	B	C	D	E	F	G	H
1	產品類別	產品編號	產品名稱	銷售學校	業務編號	定價	銷售組數	營業額
2	右腦圖像速記	ZCT2001	右腦圖像速記美國大學學術水平英語檢定(SAT)	南陵高中	S003	800	60	48000
3	右腦圖像速記	ZCT2002	右腦圖像速記托福考試	南陵高中	S003	800	50	40000
4	外國人學中文	ZCT5001	用越南語學繁體中文初級	和平高中	S002	1500	40	60000
5	外國人學中文	ZCT5002	用印尼語學繁體中文初級	復興高中	S002	1500	40	60000
6	外國人學中文	ZCT5003	用英語學繁體中文初級	郭仁高中	S001	1500	80	120000
7	外國人學中文	ZCT5004	用泰語學繁體中文初級	復興高中	S002	1500	30	45000
8	全腦句型速記	ZCT1001	全腦速記新多益英語檢定	大義中學	S001	1000	100	100000
9	全腦句型速記	ZCT1002	全腦速記俄語初級檢定	仁愛中學	S002	1000	20	20000
10	全腦句型速記	ZCT1003	全腦速記西班牙語初級檢定	和平高中	S002	1000	50	50000
11	全腦句型速記	ZCT1004	全腦速記韓語初級檢定	仁愛中學	S002	1000	48	48000
12	全腦句型速記	ZCT1005	全腦速記德語初級檢定	復興高中	S002	1000	36	36000
13	全腦句型速記	ZCT1006	全腦速記法語初級檢定	郭仁高中	S001	1000	35	35000
14	全腦句型速記	ZCT1007	全腦速記越南語初級檢定	復興高中	S001	1000	78	78000
15	全腦句型速記	ZCT1008	全腦速記泰語初級檢定	南陵高中	S003	1000	78	78000
16	全腦句型速記	ZCT1009	全腦速記日本語能力檢定N5級	郭仁高中	S002	1000	215	215000

8-1-3　使用 Sort 排序函數

在 Google 試算表提供 Sort 排序函數，Sort 函數會在指定資料範圍中傳回排序的結果。其語法如下：

=Sort(資料)
=Sort(資料 , 排序鍵 1, 遞增或遞減 1, 排序鍵 2, 遞增或遞減 2, , ...)

有關 Sort 函數的使用，有底下幾種常見的方式：

您可以只指定資料範圍中的欄，例如，=Sort（A1:A10）會從 A1:A10 傳回值，並由小到大進行排序。例如：下圖中 B1 儲存格 =Sort（A1:A10），當按下 Enter 鍵後，會得到 A1:A10 範圍由小到大的排序結果。

B1:B10	▾	*fx*	=sort(A1:A10)	◀━ 儲存格 B1 輸入公式「=sort(A1:A10)」
	A	B		
1	10	=sort(A1:A10)		
2	50			
3	60			
4	51			
5	84			
6	25			
7	36			
8	69			
9	85			
10	67			

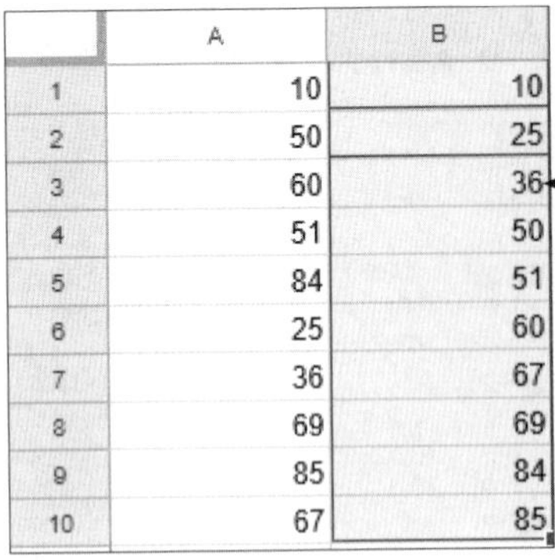

	A	B
1	10	10
2	50	25
3	60	36
4	51	50
5	84	51
6	25	60
7	36	67
8	69	69
9	85	84
10	67	85

◄ 按下「Enter」鍵，就可以在 B1:B10 輸出 A1:A10 儲存格範圍由小到大的排序結果

　　如果在資料範圍內指定要排序的欄，則只要在資料範圍指定要排序欄位的索引值，當索引值為 1 代表該資料範圍的第一欄；當索引值為 2 代表該資料範圍的第二欄，以此類推。另外也可以在指定鍵值欄後，再加上一個 TRUE 或 FALSE，用來指定該鍵值欄的排序方式，TRUE 代表為遞增排序；FALSE 代表為遞減排序。

　　我們以上面的例子加以說明，如果您在 C1 輸入公式「=Sort（A1:A10, 1, FALSE）」則會從 A1:A10 資料範圍的第一欄傳回值，並由大到小進行遞減排序。如下圖所示：

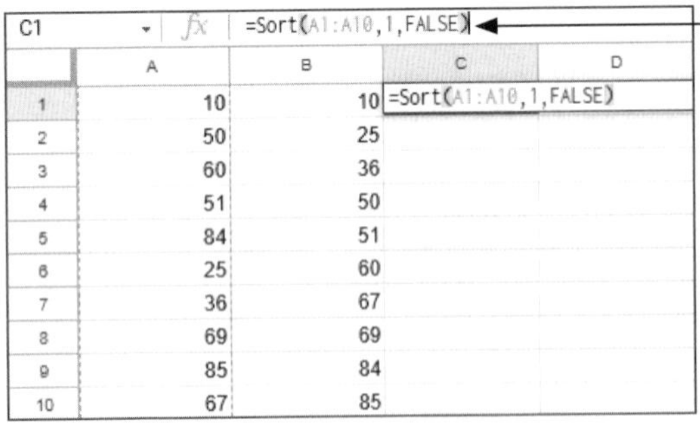

C1	fx	=Sort(A1:A10,1,FALSE)		
	A	B	C	D
1	10	10	=Sort(A1:A10,1,FALSE)	
2	50	25		
3	60	36		
4	51	50		
5	84	51		
6	25	60		
7	36	67		
8	69	69		
9	85	84		
10	67	85		

◄ 於儲存格 C1 輸入公式「=Sort(A1:A10, 1, FALSE)」

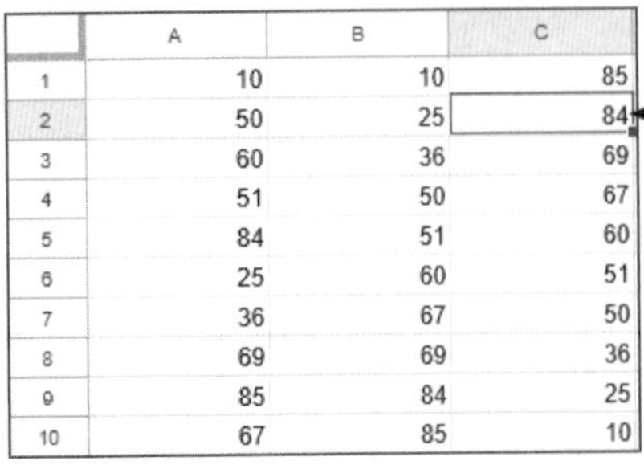

	A	B	C
1	10	10	85
2	50	25	84
3	60	36	69
4	51	50	67
5	84	51	60
6	25	60	51
7	36	67	50
8	69	69	36
9	85	84	25
10	67	85	10

◄ 按下「Enter」鍵，就可以在 C1:C10 輸出 A1:A10 儲存格範圍由大到小的排序結果

但如果輸入的公式 =Sort(A1:B10, B1:B10, TRUE)，則會傳回整個 A1:B10 資料範圍，並依照 B 欄中的資料進行排序。也就是說，將 A1:B10 範圍進行排序，而排序主鍵為 B 欄。以上述公式為例，其輸出結果會傳回整個 A1:B10 範圍，但會依 B 欄作為排序的鍵值，並以 B 欄遞增排序。如下圖所示：

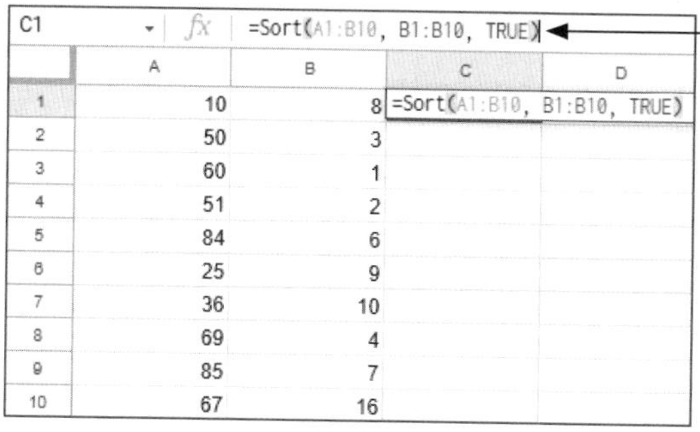

於儲存格 C1 輸入公式「=Sort(A1:B10, B1:B10, TRUE)」

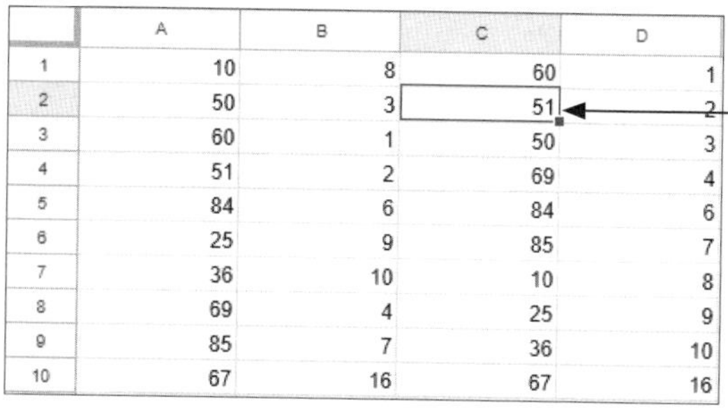

按下「Enter」鍵，就可以在 C1:D10 輸出 A1:B10 儲存格範圍，並以 B 欄遞增排序

上例中，C1 的公式也可以更改為 =Sort(A1:B10, 2, TRUE) 會傳回相同的值，因為 B1:B10 對應 A1:B10 範圍為第二欄。

除了上述的使用方式外，Sort 函數也能指定單一參數，而這個單一參數，可以是陣列或範圍。在此情況中，函數所傳回的範圍，會依由左至右的欄遞增排序。

例如：如果輸入的公式 =Sort(A1:B10)，則會排序整個 A1:B10 的範圍，首先依照 A 欄中的資料（遞增），然後依照 B 欄中的資料（遞增）。

C1		▾	fx	=Sort(A1:B10)	◀
	A		B	C	
1	10		8	=Sort(A1:B10)	
2	50		3		
3	60		1		
4	40		2		
5	40		6		
6	40		9		
7	40		10		
8	69		4		
9	85		7		
10	67		16		

於儲存格 C1 輸入公式「=Sort(A1:B10)」

	A	B	C	D
1	10	8	10	8
2	50	3	40	2
3	60	1	40	6
4	40	2	40	9
5	40	6	40	10
6	40	9	50	3
7	40	10	60	1
8	69	4	67	16
9	85	7	69	4
10	67	16	85	7

按下「Enter」鍵，就可以在 C1:D10 輸出 A1:B10 儲存格範圍，依照 A 欄中的資料（遞增），然後依照 B 欄中的資料（遞增）

各位從上圖結果可以注意到，當 A 欄值相同時，則會以 B 欄的遞增順序排序。

但如果您希望兩者都以遞減的方式來排序。也就是說，先以 A 欄進行遞減排序；當 A 欄值相同時，則依照 B 欄以遞減的方式排序。例如：輸入的公式 =Sort(A1:B10, 1, FALSE, 2, FALSE)，則會排序整個 A1:B10 的範圍，首先依照 A 欄中的資料（遞減），然後依照 B 欄中的資料（遞減）。

C1		▾	fx	=Sort(A1:B10, 1, FALSE, 2, FALSE)	◀	
	A	B	C	D	E	
1	10	8	=Sort(A1:B10, 1, FALSE, 2, FALSE)			
2	50	3				
3	60	1				
4	40	2				
5	40	6				
6	40	9				
7	40	10				
8	69	4				
9	85	7				
10	67	16				

於儲存格 C1 輸入公式「=Sort(A1:B10, 1, FALSE, 2, FALSE)」

	A	B	C	D
1	10	8	85	7
2	50	3	69	4
3	60	1	67	16
4	40	2	60	1
5	40	6	50	3
6	40	9	40	10
7	40	10	40	9
8	69	4	40	6
9	85	7	40	2
10	67	16	10	8

按下「Enter」鍵，就可以在 C1:D10 輸出 A1:B10 儲存格範圍，首先依照 A 欄中的資料（遞減），然後依照 B 欄中的資料（遞減）

　　如果其中一個欄索引小於 1 或大於資料範圍中欄數，則會忽略該欄索引。這種特性，允許使用者根據變動的欄數來設定公式。例如只要依照二欄來排序，則可以最後一個儲存格保留成空白，即輸入值為 0，則該欄索引因為小於 1，就會在排序的過程中被忽略掉。

　　接著舉一個例子來說明，如果輸入的公式為 =Sort(A1:B10, E1, FALSE,E2,FALSE, E3,TRUE)，則將根據 E1、E2 和 E3 中指定的欄 ID 進行排序。請看下例的說明：

C1	fx	=Sort(A1:B10, E1, FALSE,E2,FALSE, E3,TRUE)			
	A	B	C	D	E
1	10	8	85	7	1
2	50	3	69	4	2
3	60	1	67	16	0
4	40	2	60	1	
5	40	6	50	3	
6	40	9	40	10	
7	40	10	40	9	
8	69	4	40	6	
9	85	7	40	2	
10	67	16	10	8	

　　以上面的例子來加以說明，由於儲存格 E1=1、儲存格 E2=2、儲存格 E3=0，依上述所探討 Sort 函數的特性，第三個欄位由於輸入值為 0，因為該欄索引小於 1，就會在排序的過程中被忽略掉。則上述公式代表 A1:B10 的範圍，是以第一欄（即 A 欄）進行遞減排序。當第一欄相同時，則以第二欄（即 B 欄）進行遞減排序。

8-2 利用 Google 試算表篩選資料

除了可以針對工作資料進行排序外，也可以利用篩選器的功能，將符合條件的資料顯示出來。所謂「資料篩選」功能為將使用者所指定的資料，依照符合規定的清單過濾，並顯示於工作表上，不符合的資料則隱藏於幕後

8-2-1 單一欄位篩選

請執行「資料 / 建立篩選器」指令，接著就可以進行資料篩選。例如：要篩選出產品類別（即下圖中的欄 A）為「全腦句型速記」的所有資料，其作法為點選欄 A 右側的三角型箭頭，並用滑鼠點選「全腦句型速記」，接著就會篩選出「產品類別 = 全腦句型速記」的所有資料。

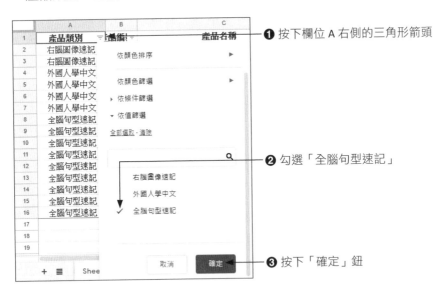

❶ 按下欄位 A 右側的三角形箭頭

❷ 勾選「全腦句型速記」

❸ 按下「確定」鈕

篩選出「產品類別 = 全腦句型速記」的所有資料。

	A	B	C	D	E	F	G	H
1	產品類別	產品編號	產品名稱	消售學科	業務編號	定價	消售組數	營業額
8	全腦句型速記	ZCT1001	全腦速記新多益英語檢定	大義中學	S001	1000	100	100000
9	全腦句型速記	ZCT1002	全腦速記俄語初級檢定	仁愛中學	S002	1000	20	20000
10	全腦句型速記	ZCT1003	全腦速記西班牙語初級檢定	和平高中	S002	1000	50	50000
11	全腦句型速記	ZCT1004	全腦速記韓語初級檢定	仁愛中學	S002	1000	48	48000
12	全腦句型速記	ZCT1005	全腦速記德語初級檢定	復興高中	S002	1000	36	36000
13	全腦句型速記	ZCT1006	全腦速記法語初級檢定	郭仁高中	S001	1000	35	35000
14	全腦句型速記	ZCT1007	全腦速記越南語初級檢定	復興高中	S001	1000	78	78000
15	全腦句型速記	ZCT1008	全腦速記泰語初級檢定	南陽高中	S003	1000	78	78000
16	全腦句型速記	ZCT1009	全腦速記日本語能力檢定N5級	郭仁高中	S002	1000	215	215000

經篩選過的資料，如果要復原到原先的清單內容，只要在已篩選的欄位右側，按三角型箭頭，並從選單中勾選全部項目或按「全部選取」，再按下「確定」鈕，就可以回復到未篩選前的工作表內容。如下例所示：

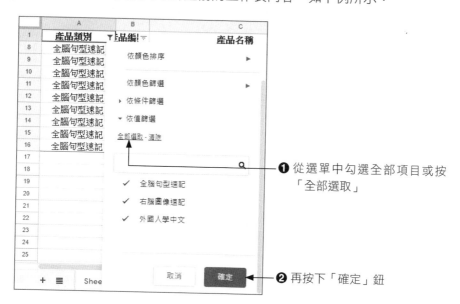

❶ 從選單中勾選全部項目或按「全部選取」

❷ 再按下「確定」鈕

回復到尚未篩選前的原工作表內容。

	A 產品類別	B 品編!	C 產品名稱	D 消售學校	E 業務編號	F 定價	G 消售組數	H 營業額
2	右腦圖像速記	ZCT2001	右腦圖像速記美國大學學術水平英語檢定(SAT)	南陵高中	S003	800	60	48000
3	右腦圖像速記	ZCT2002	右腦圖像速記托福考試	南陵高中	S003	800	50	40000
4	外國人學中文	ZCT5001	用越南語學繁體中文初級	和平高中	S002	1500	40	60000
5	外國人學中文	ZCT5002	用印尼語學繁體中文初級	復興高中	S002	1500	40	60000
6	外國人學中文	ZCT5003	用英語學繁體中文初級	郭仁高中	S001	1500	80	120000
7	外國人學中文	ZCT5004	用泰語學繁體中文初級	復興高中	S002	1500	30	45000
8	全腦句型速記	ZCT1001	全腦速記新多益英語檢定	大義中學	S001	1000	100	100000
9	全腦句型速記	ZCT1002	全腦速記俄語初級檢定	仁愛中學	S002	1000	20	20000
10	全腦句型速記	ZCT1003	全腦速記西班牙語初級檢定	和平高中	S002	1000	50	50000
11	全腦句型速記	ZCT1004	全腦速記韓語初級檢定	仁愛中學	S002	1000	48	48000
12	全腦句型速記	ZCT1005	全腦速記德語初級檢定	復興高中	S002	1000	36	36000
13	全腦句型速記	ZCT1006	全腦速記法語初級檢定	郭仁高中	S001	1000	35	35000
14	全腦句型速記	ZCT1007	全腦速記越南語初級檢定	復興高中	S001	1000	78	78000
15	全腦句型速記	ZCT1008	全腦速記泰語初級檢定	南陵高中	S003	1000	78	78000
16	全腦句型速記	ZCT1009	全腦速記日本語能力檢定N5級	郭仁高中	S002	1000	215	215000

8-2-2 多重欄位篩選

除了單一欄位篩選外，也可以先篩選第一指定欄位，經過篩選後，再繼續指定第二篩選欄位。下例中先篩選出「產品類別」為「全腦句型速記」的工作表

內容。接著，再從篩選出的工作表內容，接著指定第二篩選欄位。此處為篩選出「銷售學校」為「復興高中」的資料。其操作過程如下圖所示：

❶ 勾選「產品類別」中的「全腦句型速記」

❷ 按下「確定」鈕

❶ 勾選「銷售學校」中的「復興高中」

❷ 按下「確定」鈕

篩選出「產品類別」為「全腦句型速記」且「銷售學校」為「復興高中」的
工作表內容：

當然，您也可以指定三個篩選欄位，如下圖為「產品類別」= 全腦句型速
記；「產品名稱」= 全腦速記韓語初級檢定；且「銷售學校」= 仁愛中學的篩選後
結果。

8-2-3　利用篩選器進行排序

如果想針對某特定欄位排序，只要在欄位名稱按一下，就可以進行遞增或遞
減排序，如下圖所示：

8-2-4　使用 Filter 函數篩選

除了以「清單檢視」進行篩選外，Google 試算表也提供 Filter 函數，簡化篩
選工作。這個函數會根據篩選條件，從來源陣列中傳回經篩選後的資料內容。其
語法如下：

```
=Filter( 來源陣列 , 篩選條件 )
=Filter( 來源陣列 , 篩選條件 1, 篩選條件 2, ...)
```

上述函數中的篩選條件必須是一維範圍的布林值。例如：

```
=Filter(A1:A10,A1:A10<10)
```

會逐一從儲存格 A1 到 A10 的內容，比較是否小於 10？如果小於 10，則傳回該列的值。例如下圖中，B1 儲存格其公式 =Filter（A1:A10,A1:A10<10），當按下 Enter 鍵之後，就會在 A1:A10 依序找出小於 10 的數值，再從 B1 依序填入。如下圖所示：

B1	▾	_fx_	=Filter(A1:A10,A1:A10<10)	
	A		B	C
1	10		5	
2	5		6	
3	6		4	
4	4		8	
5	60		2	
6	12			
7	8			
8	21			
9	30			
10	2			

各位從上圖中看到 A1:A10 儲存格範圍，共有 5 個儲存格小於 10，當 B1 儲存格 =Filter(A1:A10,A1:A10<10)，輸入公式並按下 Enter 鍵，就可以在 B1:B5 看到篩選結果。

但是假設儲存格範圍為兩欄，則所篩選到的值，則會同時傳回 A 欄及 B 欄的值。例如：下例 C1 儲存格 =Filter(A1:B10,A1:A10<10)，當按下 Enter 鍵後，就會在 A1:A10 依序找出小於 10 的數值，再從 C1 依序填入所篩選出 A 欄及 B 欄的值。如下圖所示：

C1 ▾ ƒx =Filter(A1:B10,A1:A10<10)

	A	B	C	D
1	10	50	5	20
2	5	20	6	63
3	6	63	4	41
4	4	41	8	78
5	60	89	2	88
6	12	54		
7	8	78		
8	21	64		
9	30	25		
10	2	88		

在上圖中可以看到 A1:A10 儲存格範圍，共有 5 個儲存格小於 10，即當 C1 儲存格 =Filter(A1:B10,A1:A10<10)，按下 Enter 鍵後，就會在 C1:D5 儲存格範圍填上篩選出來的值。也就是將符合篩選條件的 A 欄及 B 欄值，依序填入 C 欄及 D 欄。以下圖的 A 欄及 B 欄為例，如果要篩選 A1:A10 小於 10 且同時找到的 A 欄值要小於 B 欄值，則會得到如下圖的執行結果：

C1 ▾ ƒx =Filter(A1:B10,A1:A10<10,A1:A10<B1:B10)

	A	B	C	D
1	10	50	5	20
2	5	20	4	41
3	6	2	2	88
4	4	41		
5	60	89		
6	12	54		
7	8	5		
8	21	64		
9	30	25		
10	2	88		

上述的結果，我們可以這樣來說明。第一篩選條件為「A 欄找出小於 10」的值，共有 5 筆，但這 5 筆資料又要與 B 欄作比較，如果小於 B 欄，才會篩選出該筆資料。您應該有注意到，因為 A3=6 大於 B3=2，所以這筆資料不符合；又 A7=8 大於 B7=5，所以這筆資料也不符合，所以最後輸出結果只有 3 筆。

8-3 圖表的建立

建立圖表時,可以先選擇主要圖表類型,例如:直條圖、橫條圖以及圓形圖,再選擇該副圖表類型。您也可以將圖表儲存為圖片,然後插入到文件。

8-3-1 圖表類型簡介

建立圖表時,您可以選擇主要圖表類型的其中一種,例如:折線圖、區域圖、柱狀圖、長條圖、圖餅圖、散佈圖、地圖、其它。

8-3-2 插入圖表

在 Google 試算表中,你也可以將已建立的表格轉化為圖表。只要先選定要建立為圖表的資料儲存格,再執行「插入 / 圖表」指令就可快速完成。若要建立圖表,必須先從試算表中,選取建立圖表的資料範圍,有關下面工作表內容,可以利用文字檔「分公司銷售 .txt」複製與貼上完成。

在建立圖表前，先標示試算表中的資料，對圖表的建立，會很有幫助。舉例來說，如果想要建立各分公司銷售業績，則可以將橫列標示為「收入類別」（例如軟體、硬體、海外收入、業外收入）的銷售金額，縱欄則是每個「門市」的銷售業績。如下圖所示：

	A	B	C	D	E
1	門市	軟體	硬體	海外收入	業外收入
2	台北市	1528000	2800000	5800000	654000
3	新北市	2569000	3600000	3694000	568000
4	高雄市	3120000	4350000	2890000	349000
5	台中市	4580000	6120000	4800000	352000
6	台南市	3360000	4000000	4080000	412000
7	桃園市	4120000	5400000	2950000	660000

接著，執行「插入 / 圖表」指令，就會顯示「建立圖表」視窗。

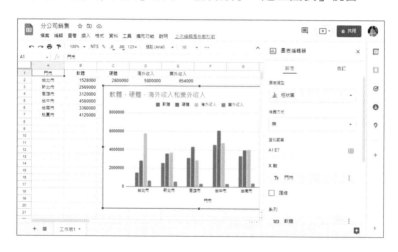

請在上圖中「圖表類型」區段中，選取圖表類型：柱狀圖、橫條圖、圓形圖、線型圖、區域圖、散佈圖等。此處我們選擇預設的柱狀圖主要圖表類型的第一種副圖表類型。

當選擇好圖形後，請在「資料範圍」區段中，設定正確的資料範圍。各位可以看到，由於在執行「插入 / 圖表」指令前，已選取工作表範圍為 A1:E7，所以此處的範圍已填入 A1:E7。

　　然後指定是否要根據列或欄分組資料。有一點要說明的是,如果您的試算表中包含標籤,就可以指定使用第一列或第一欄作為標籤。當試算表的第一列和欄 A 中包含標籤時,便會自動選取這些設定。

　　接下來的工作,就請分別在以下欄位中輸入圖表標題和軸標題,請先切換到「自訂」設定頁面,再依序切換到所要設定的標題,如下圖所示:

- 「圖表標題」,以上例來說,筆者輸入「收入類別」。

- 「橫軸」,以上例來說,筆者輸入「門市」。

- 「直軸」,以上例來說,筆者輸入「銷售金額」。

此處，您也可以利用「圖例」功能表指定圖例的呈現方式。我們以柱狀圖的第一子類型為例，共有五種擺放方式：

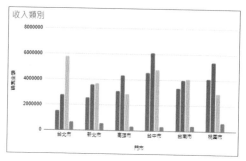

沒有圖例

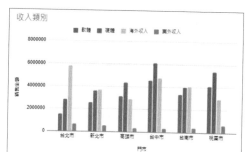

位於上方

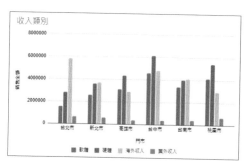

位於底部

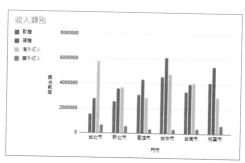

位於左側

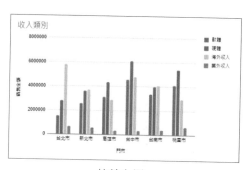

位於右側

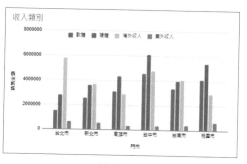

位於內部

在本章範例中，我們選擇「位於上方」。底下為所要建立圖表的所有設定值：

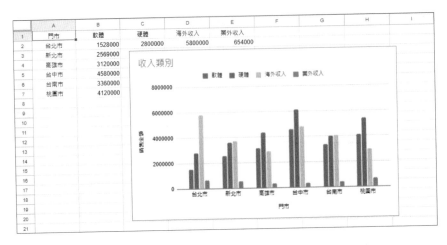

如果插入的圖表過大，以致於無法看到完整圖表，要調整圖表大小，只要將游標放在圖表角落，當游標變成對角線的雙向箭頭時，即代表正確的定位位置，接著就可以調整圖表的大小。

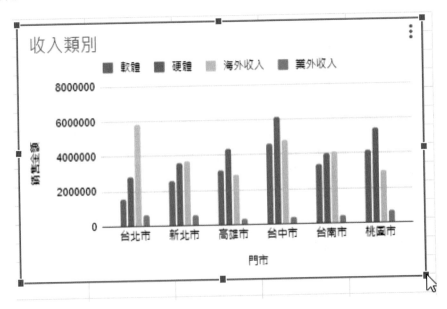

8-3-3 移動圖表

除了可以調整大小外，如果要移動圖表，則必須按一下圖表，使圖表為選取的狀態，再拖曳到試算表中適當的位置。如下圖所示：

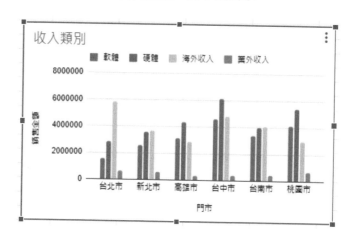

8-4 圖表的編輯與格式化

建立圖表後，可以依照下列步驟修改圖表。首先，在該圖表按下滑鼠右鍵，就會出現快顯功能表，提供各種圖表的編輯與格式化的相關指令。如下圖所示：

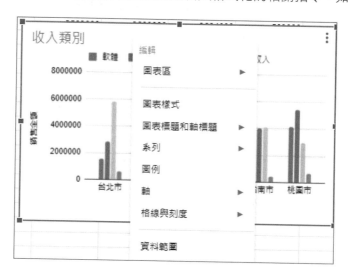

另外各位也可以直接在圖表上快按滑鼠左鍵兩下，就會在試算表右側開啟圖表編輯器視窗，提供各種圖表編輯或格式設定的各種選項。

8-4-1 變更圖表資料來源

如果我們有需求要變更資料來源，各位可以參考底下的作法：

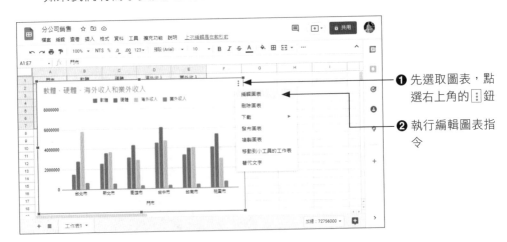

❶ 先選取圖表，點選右上角的 ⋮ 鈕

❷ 執行編輯圖表指令

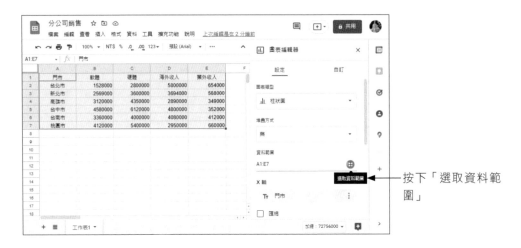

按下「選取資料範圍」

❶ 以滑鼠選取資料的範圍

❷ 確認好範圍後，按「確定」鈕

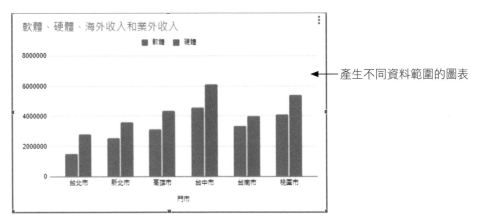

產生不同資料範圍的圖表

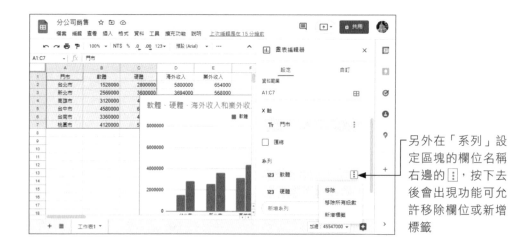

另外在「系列」設定區塊的欄位名稱右邊的 ⋮，按下去後會出現功能可允許移除欄位或新增標籤

8-4-2 變更圖表類型及移除欄位

如果不滿意圖表類型，也可以在「圖表編輯器」輕易變更圖表類型，另外。

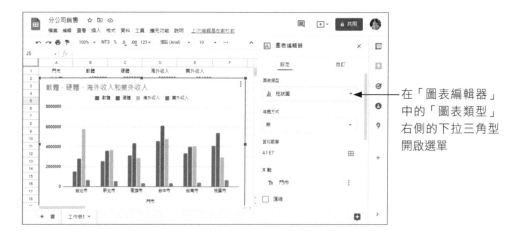

在「圖表編輯器」中的「圖表類型」右側的下拉三角型開啟選單

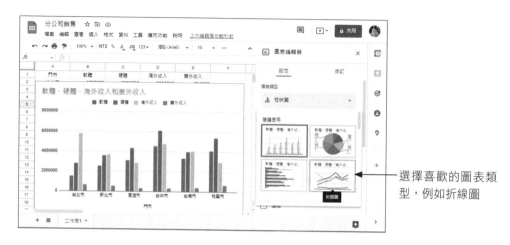

選擇喜歡的圖表類型，例如折線圖

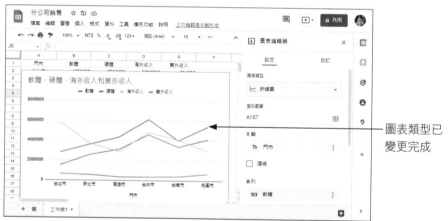

圖表類型已變更完成

8-5 其它圖表的實用功能

這個單元將介紹幾個圖表的實用功能，包括如何將圖表儲存成圖片，或如何刪除圖表。另外我們也會介紹如何利用探索建立圖表的相關技巧。

8-5-1　儲存圖表

如果要將圖表儲存為 .png 格式，請先選取圖表，再按下圖表右上方的「┊」鈕，會開啟如下圖的功能表，在功能表中的「下載」指令，可以讓各位選擇將圖片下載為 PNG 圖片、PDF 文件或可縮放向量圖形（.svg）。如下圖所示：

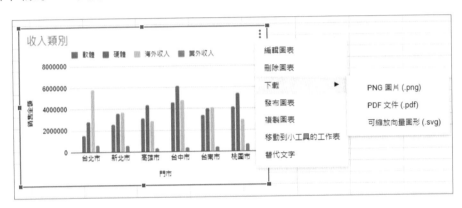

8-5-2　刪除圖表

如果要刪除圖表，請先選取圖表，再按下圖表右上方的「┊」鈕，會開啟如下圖的功能表，點選功能表中的「刪除圖表」指令，圖表就會從您的工作表中移除，如下圖所示：

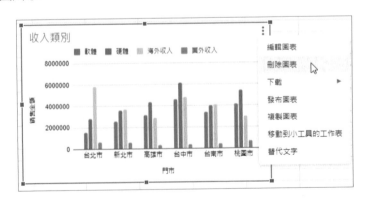

8-5-3 利用探索建立圖表

除了本章中所提到的建立圖表的方式之外，我們也可以直接利用探索建立圖表，要利用探索來建立圖表，首先必須先選取資料範圍，再利用「Alt+Shift+X」快速鍵或下圖所指定的位置開啟「探索」視窗，在這個視窗中的「分析」設定區塊就可以協助各位直接插入圖表，如下圖所示：

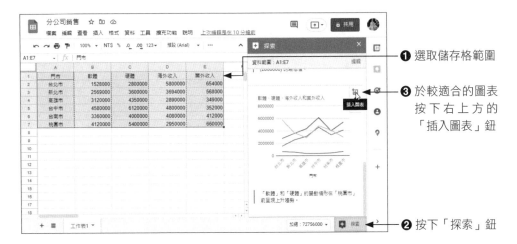

❶ 選取儲存格範圍

❸ 於較適合的圖表按下右上方的「插入圖表」鈕

❷ 按下「探索」鈕

MEMO

09

資料透視表建立與編輯

Google

Google 的資料透視表功能有點類似 Excel 的樞紐分析表，本單元將以實例示範如何建立資料透視表，並透過資料透視表的欄位配置與篩選，以進行資料的交叉分析，快速摘要所要的報表重要資訊進行解讀。

9-1 關於資料透視表

資料透視表就是依照使用者的需求而製作的互動式資料表，可以藉由樞紐分析表中的欄位改變，得到不同的檢視結果。也就是一種動態圖的檢視效果。例如主管要一份某些月份的產品銷售金額統計表，並可依所銷售區域來做分類查詢，這就是一份樞紐分析表。

	A	B	C	D	E	F	G	H
1	月份	產品代號	產品種類	銷售地區	業務人員編號	單價	數量	總金額
2	1	A0302	應用軟體	韓國	A0903	8000	4000	32000000
3	1	A0302	應用軟體	美西	A0905	12000	2000	24000000
4	1	A0302	應用軟體	英國	A0906	13000	600	7800000
5	1	A0302	應用軟體	法國	A0907	13000	2000	26000000
6	1	A0302	應用軟體	東南亞	A0908	5000	6000	30000000
7	1	A0302	應用軟體	義大利	A0909	8000	8000	64000000
8	1	F0901	繪圖軟體	日本	A0901	10000	2000	20000000
9	1	F0901	繪圖軟體	美西	A0905	8000	1500	12000000
10	1	F0901	繪圖軟體	阿根廷	A0906	5000	500	2500000
11	1	F0901	繪圖軟體	美東	A0906	8000	2000	16000000
12	1	F0901	繪圖軟體	英國	A0906	9000	500	4500000
13	1	F0901	繪圖軟體	德國	A0907	9000	700	6300000
14	1	F0901	繪圖軟體	東南亞	A0908	4000	3000	12000000
15	1	F0901	繪圖軟體	義大利	A0909	5000	5000	25000000
16	1	G0350	電腦遊戲	日本	A0901	5000	1000	5000000
17	1	G0350	電腦遊戲	韓國	A0902	3000	2000	6000000
18	1	G0350	電腦遊戲	美西	A0905	4000	500	2000000
19	1	G0350	電腦遊戲	巴西	A0906	1000	500	500000
20	1	G0350	電腦遊戲	美東	A0906	4000	1000	4000000

資料透視表是由四種元件組成，分別為「列」、「欄」、「值」及「篩選器」，如下圖所示：

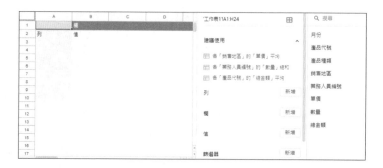

- 「列」及「欄」：通常為使用者用來查詢資料的主要根據。

- 「值」：由欄與列交叉對應的儲存格內容，即顯示資料的欄位。

- 「篩選器」：可自由設定想查看的區域或範圍。

9-2 建立資料透視表

資料透視表的建立相當簡單，只要點選「插入 / 資料透視表」指令並進行資料欄位與內容的設定即可完成。不過要建立資料透視表之前，必須先了解資料分析的依據與詳盡規劃所要建立的表格內容。

9-2-1 建立資料透視表

首先請複製範例原始檔（業績表 .xlsx）到 Google 試算表，並點選「Sheet1」工作表，接著就可以參考底下的步驟利用工作表內容建立資料透視表。

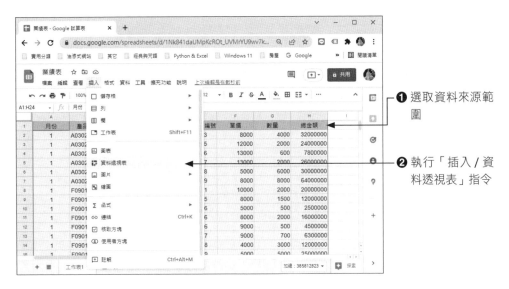

❶ 選取資料來源範圍

❷ 執行「插入 / 資料透視表」指令

❶ 決定插入位置，此例選擇「新的工作表」

❷ 按「建立」鈕

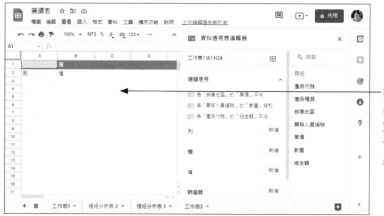

剛建立的資料透視表一開始是尚未指定任何欄列，右側會開啟「資料透視表編輯器」

在還沒有清楚知道如何建立資料透視表前，各位可以藉助 Google 自動判斷合適的資料，來協助各位快速製作資料透視表。

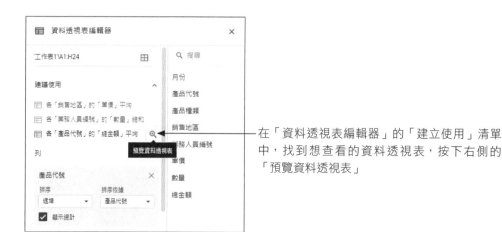

在「資料透視表編輯器」的「建立使用」清單中，找到想查看的資料透視表，按下右側的「預覽資料透視表」

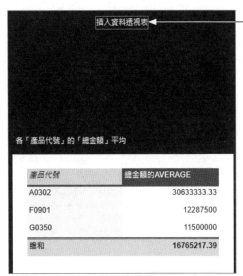

這個是資料透視表的預覽外觀，如果滿意這個結果，可以按下「插入資料透視表」就可以使用這個資料透視表

9-2-2 資料透視表欄位配置

　　剛才所建立的資料透視表還沒有指定欄位的資料，接下來的工作就是藉助「資料透視表編輯器」中的來源資料欄位，來進行資料透視表中的「列」、「欄」、「值」及「篩選器」四個區域的欄位配置。

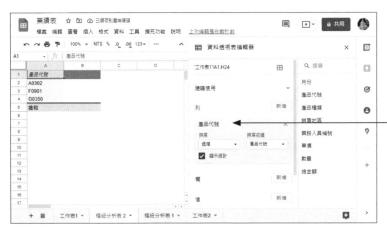

將「產品代號」欄位拖曳到列區域

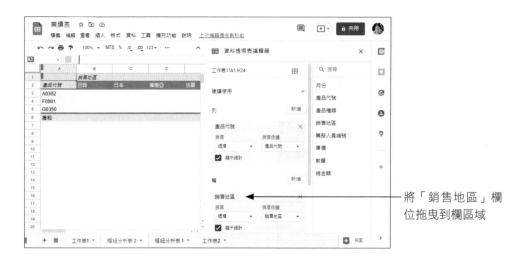

將「銷售地區」欄
位拖曳到欄區域

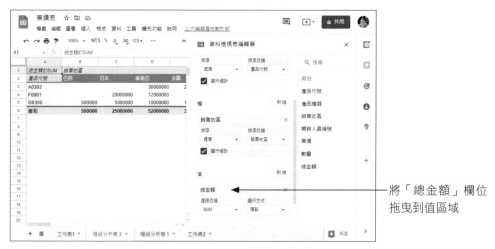

將「總金額」欄位
拖曳到值區域

下圖就是目前所配置欄位所動態產生的資料透視表。

	A	B	C	D	E	F	G	H	I	J	K	L	M
1	總金額的SUM	銷售地區											
2	產品代號	巴西	日本	東南亞	法國	阿根廷	美西	美東	英國	義大利	德國	韓國	總和
3	A0302			30000000	26000000		24000000		7800000	64000000		32000000	183800000
4	F0901		20000000	12000000		2500000	12000000	16000000	4500000	25000000	6300000		98300000
5	G0350	500000	5000000	10000000	10000000		2000000	4000000		6000000	60000000	6000000	103500000
6	總和	500000	25000000	52000000	36000000	2500000	38000000	20000000	12300000	95000000	66300000	38000000	385600000

9-3 資料篩選與欄位變更

這個小單元將介紹資料欄位的編輯及變更，包括資料欄位的收合與展開、欄列資料的篩選及欄列資料的變更等功能。

9-3-1 資料欄位的收合與展開

透過資料欄位的收合與展開，我們可以自己決定讓哪些欄位可以先行收合，讓畫面中欄位顯示的細節暫時隱藏，這樣可以快速摘要出所需的重點。

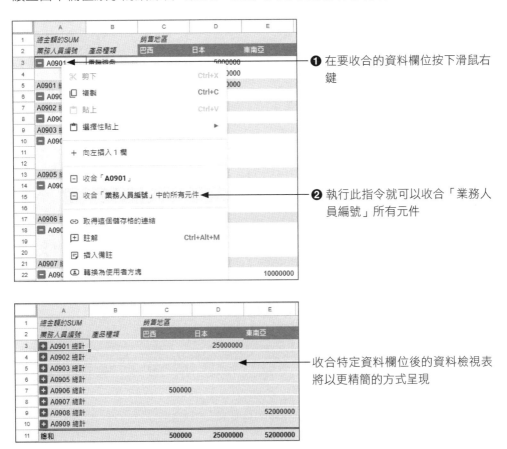

❶ 在要收合的資料欄位按下滑鼠右鍵

❷ 執行此指令就可以收合「業務人員編號」所有元件

收合特定資料欄位後的資料檢視表將以更精簡的方式呈現

如果要展開的資料欄位按下滑鼠右鍵，並執行此指令就可以展開「業務人員編號」所有元件

9-3-2 欄列資料的篩選

我們可以透過「篩選器」自行勾選哪些資料欄位要顯示，以篩選出所需要的指定欄位的資訊。

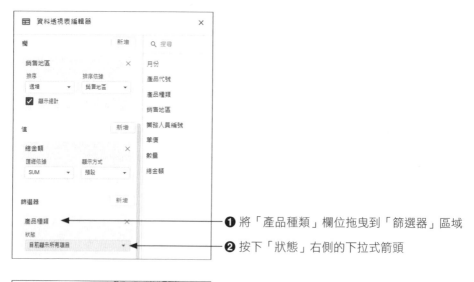

❶ 將「產品種類」欄位拖曳到「篩選器」區域

❷ 按下「狀態」右側的下拉式箭頭

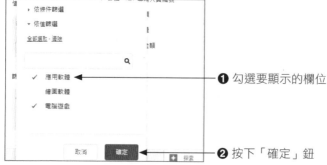

❶ 勾選要顯示的欄位

❷ 按下「確定」鈕

只顯示要已勾選的
2 個項目

9-3-3　欄列資料的變更

如果覺得想要變更目前指定於欄、列區塊的資料欄位，我們也可以透過欄位以滑鼠拖曳的方式，快速進行欄列資料的變更。

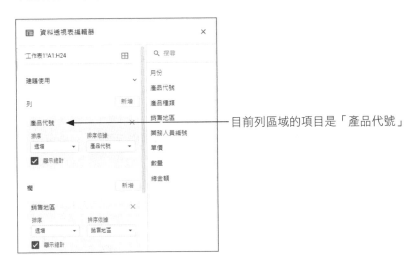

目前列區域的項目是「產品代號」

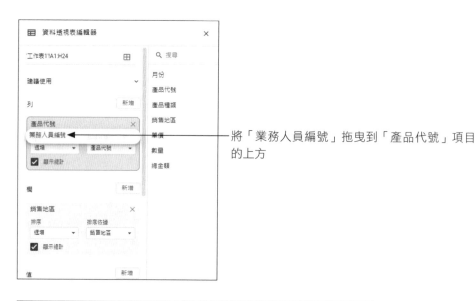

將「業務人員編號」拖曳到「產品代號」項目的上方

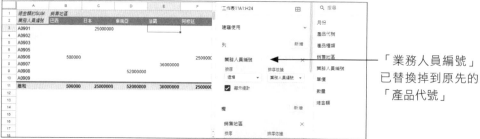

「業務人員編號」已替換掉原先的「產品代號」

　　另外如果要變更列區域（或欄區域）各欄位項目的前後顯示順位，也可以直接用滑鼠拖曳的方式來改變各欄位的顯示前後關係。

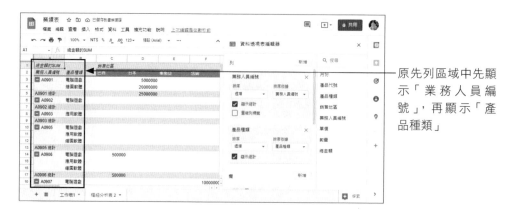

原先列區域中先顯示「業務人員編號」，再顯示「產品種類」

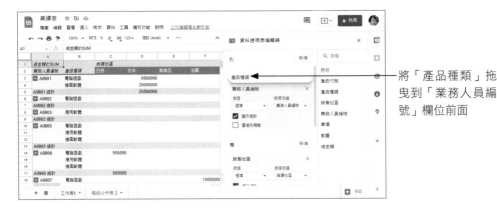

將「產品種類」拖曳到「業務人員編號」欄位前面

資料透視表已變更成先顯示「產品種類」，再顯示「業務人員編號」

另外，如果要刪除資料透視表的項目，則可以直接在「資料透視表編輯器」按下該項目右上角的「x」鈕，就可以刪除該項目。

按「產品種類」右上角的「x」鈕

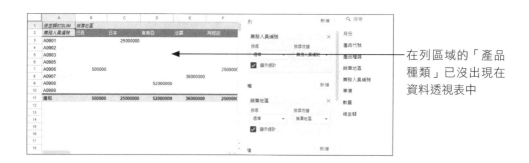

在列區域的「產品
種類」已沒出現在
資料透視表中

9-4 資料透視表字體顏色及樣式

如果我們想變更資料透視表的字體顏色，只要於功能區選擇「文字顏色」鈕
就可以變更資料透視表的文字顏色。

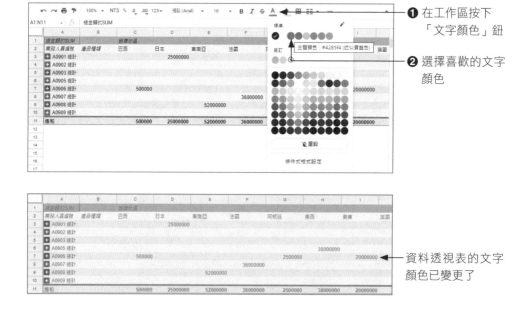

❶ 在工作區按下
「文字顏色」鈕

❷ 選擇喜歡的文字
顏色

資料透視表的文字
顏色已變更了

另外對於目前的資料表樣式不喜歡，我們也可以透過「格式」功能表中的「替代顏色」指令，快速變更資料透視表的樣式。作法如下：

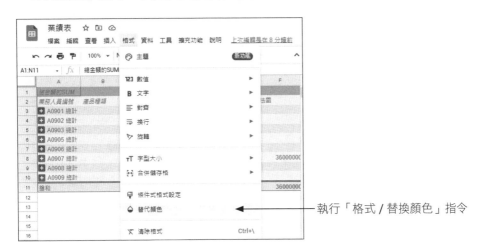

執行「格式 / 替換顏色」指令

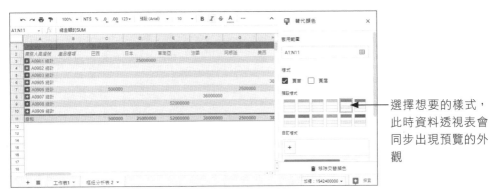

選擇想要的樣式，
此時資料透視表會
同步出現預覽的外
觀

9-5 其它資料透視表的實用功能

資料透視表還有幾個實用的功能，例如我們可以將欄列資料進行排序，也可以建立資料透視表元素群組，可以更方便查看相關類別的資料。

9-5-1　欄列資料的排序

如果資料量過大，我們還可以依資料欄位指定排序的方式，依照某一欄位由大到小或由小到大依序來排列，快速查看各種欄位的重要資訊與排名情況。下例中會將原先依「業務人員編號」遞增排序的方式變更成為遞減排序：

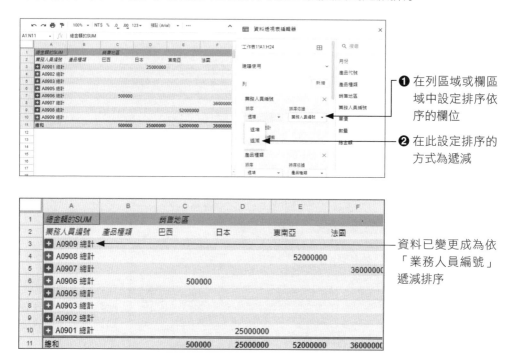

❶ 在列區域或欄區域中設定排序依序的欄位

❷ 在此設定排序的方式為遞減

資料已變更成為依「業務人員編號」遞減排序

9-5-2　建立群組與取消群組

要建立群組通常會搭配 Ctrl 鍵來選取不相鄰的項目，或是搭配 Shift 鍵來選取相鄰的項目，透過群組功能可以幫助各位檢視相關類別的資訊，不過如果在列區域或欄區域包含一個以上的欄位項目，就無法建立群組，必須先刪除其中一項才可以建立群組，例如下圖中的列區域包含了「業務人員編號」及「產品種類」兩種資料項目，這種情況下就不能建立群組，必須先刪除一項才可以建立群組。

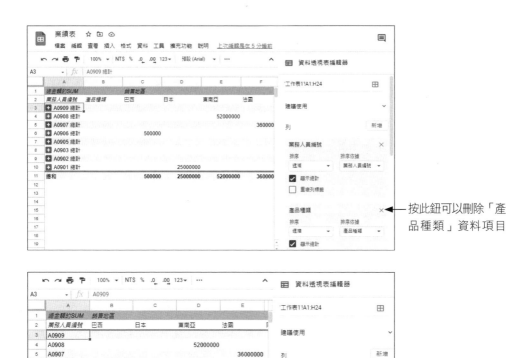

按此鈕可以刪除「產品種類」資料項目

資料透視表中列區域已刪除了「產品種類」資料項目

接著我們就以實例來示範如何建立群組功能與取消群組功能。

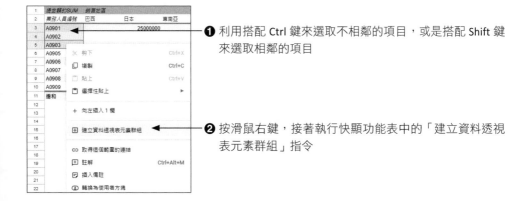

❶ 利用搭配 Ctrl 鍵來選取不相鄰的項目，或是搭配 Shift 鍵來選取相鄰的項目

❷ 按滑鼠右鍵，接著執行快顯功能表中的「建立資料透視表元素群組」指令

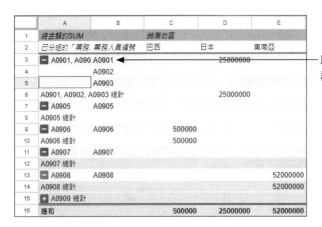

此時被選取的業務編號就會組成群組項目

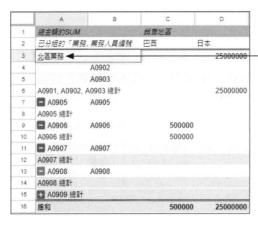

如果要重新命名預設的分組名稱，可以用滑鼠左鍵在該預設名稱按二下，刪除原名稱後再輸入自己想要命名的新名稱，再按下「Enter」鍵

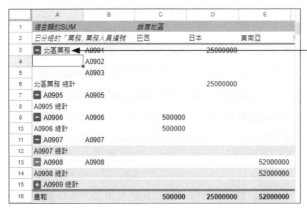

此處可以看出該群組名稱已變更成剛才輸入的新名稱

如果要取消群組，只要於群組名稱的儲存格按一下滑鼠右鍵，並於所產生的快顯功能表執行「將多個資料透視表項目取消分組」指令，就會取消群組功能

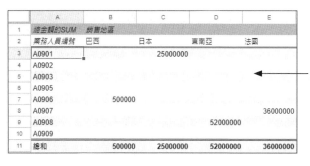

原先設定的群組功能已取消了

MEMO

Google 簡報基礎與教學技巧

Google

在雲端進行教學，除了使用 Google 文件進行文書的處理外，Google 簡報則是提供簡報的編輯。利用 Google 簡報來製作簡報，不但不需要花錢去購買簡報軟體，而且儲存檔案也不需要硬碟，只要連上網路就能在網路上讀取檔案、進行編修，或作簡報播放，還可以跟其他人一起共用檔案，相當的方便，所以這一篇要跟各位介紹 Google 簡報的使用技巧。

要使用 Google 簡報來進行教學並不困難，因為它的操作方式和微軟的 PowerPoint 軟體雷同，只不過是透過雲端來編輯簡報而已，老師只要會從瀏覽器上開啟 Google 的「簡報」應用程式，就可以進行教材的準備。這個章節我們將針對老師比較會用到的功能做說明，即使應用軟體不熟悉的老師也可以輕鬆上手，加快簡報教學的速度。

10-1 Google 簡報基礎操作

當各位開啟 Google Chrome 瀏覽器後，由視窗右上角按下「Google 應用程式」∷ 鈕，就可以看到「簡報」的圖示，點選該圖示即可啟動該應用程式。

❶ 按此鈕

❷ 點選「簡報」圖示鈕

按此鈕會顯示主選單，可切換到文件、試算表或表單

簡報主畫面顯示曾經開啟或編輯過的簡報

按此鈕建立新文件

10-1-1　管理你的簡報

進入簡報主畫面後，各位可以看到許多的簡報縮圖，這是你曾經開啟或編輯過的簡報，簡報除了顯示縮圖與名稱外，還會顯示你開啟的時間。另外，你可以透過圖示鈕來區分出哪些是 PowerPoint 簡報檔，哪些是 Google 簡報。

Google 簡報

PowerPoint 簡報檔

對於曾經編輯過或開啟過的簡報，按下簡報縮圖右下角的 ⋮ 鈕，可進行重新命名、移除、或是離線存取等動作，方便各位管理你的簡報檔案。

10-1-2 建立 Google 新簡報

在「簡報」首頁畫面的右下角按下 ⊕ 鈕會進入「未命名簡報」，各位只要在左上角的「未命名簡報」處輸入名稱，就會自動儲存簡報內容。

顯示新增的空白簡報，由此可輸入新的簡報名稱

按此鈕可以回到「簡報」主畫面

如果視窗中已有編輯的文件，想要重新建立一個新文件，可從「檔案」功能表下拉選擇「新文件」指令，再從副選項中選擇「簡報」指令即可。

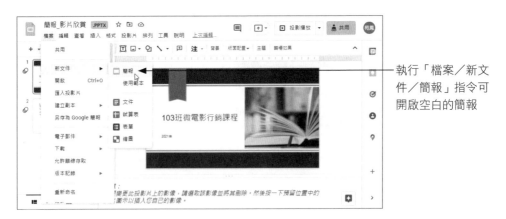

執行「檔案／新文件／簡報」指令可開啟空白的簡報

10-1-3 開啟現有的 PowerPoint 簡報

假如以往的教學簡報是在 PowerPoint 軟體中製作，你也可以直接將 PPT 簡報直接開啟，執行「檔案／開啟」指令後可從雲端硬碟開啟檔案，如果簡報檔在你的電腦中，可利用「上傳」功能將簡報開啟。方式如下：

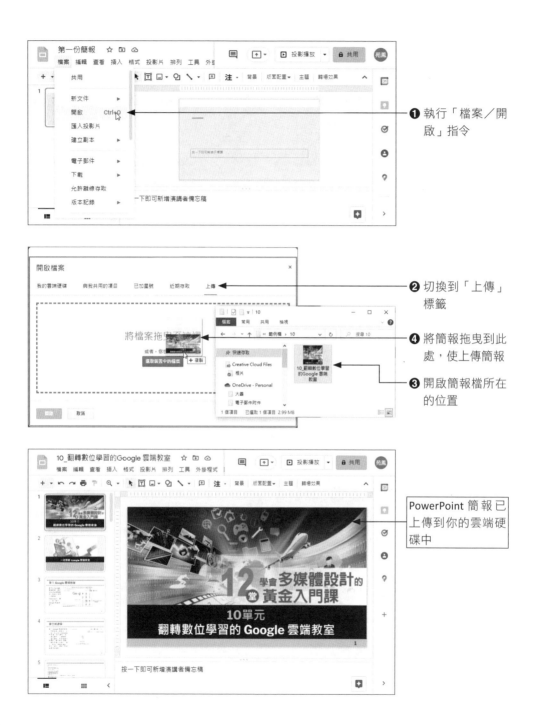

❶ 執行「檔案／開啟」指令

❷ 切換到「上傳」標籤

❹ 將簡報拖曳到此處，使上傳簡報

❸ 開啟簡報檔所在的位置

PowerPoint 簡報已上傳到你的雲端硬碟中

PowerPoint 簡報的教學內容假如只是單純的簡報,在 Google 簡報中進行教學時是沒有問題的,如果你在 PowerPoint 中加入許多的動畫或特效,而這些效果是 Google 簡報中所沒有的功能,那麼它會在視窗上方顯示黃底黑字的警示,按於該警示可查看詳細的資料。

10-1-4 語音輸入演講備忘稿

在「Google 簡報」中如果需要加入備忘稿的資料,可以選用語音輸入的方式,這樣就不用一個字一個字慢慢輸入,節省許多時間。使用前請先將麥克風插至電腦上,接著點選簡報下方的「演講者備忘稿」窗格,即可選用「工具/使用語音輸入演講者備忘稿」指令。

❷ 執行「工具／使用語音輸入演講者備忘稿」指令

❶ 點選「演講者備忘稿」窗格

❸ 按此鈕開始對著麥克風説話

❺ 錄製完成按此鈕關閉

❹ 説話過程中，文字就會自動顯現

10-2 簡報教學技巧

　　利用 Google 簡報，老師可以將製作好的簡報內容放映出來，這樣上課時就不用辛苦的寫板書，而且教材規劃完成，只要製作一次就可以給多個班級使用，數位教材對老師來講可說是一舉數得，越教就越輕鬆。此處我們介紹幾個功能，讓老師可以輕鬆用簡報來進行教學。

10-2-1 從目前投影片開始播放簡報

　　在開啟簡報檔後，按下右上角的 ▶ 鈕，會從目前的投影片開始播放。

❷ 按此鈕開始投影播放

❶ 點選要播放的投影片

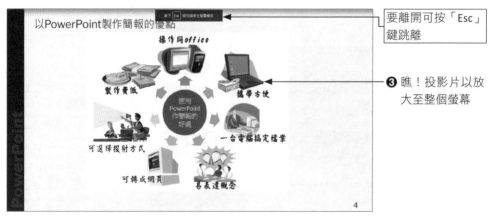

要離開可按「Esc」鍵跳離

❸ 瞧！投影片以放大至整個螢幕

10-2-2 從頭開始進行簡報

想要從頭開始進行簡報的播放,可由「投影播放」後方按下拉鈕,再下拉選擇「從頭開始」指令。

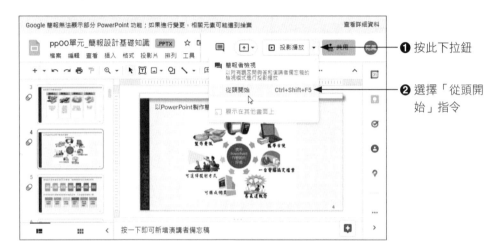

10-2-3 在會議中分享簡報畫面

在會議進行時,老師除了從 Google Meet 中選擇以「分頁」方式分享螢幕畫面外,也可以在會議進行中從 Google「簡報」右上方按下 🔼 ▼ 鈕來分享畫面。

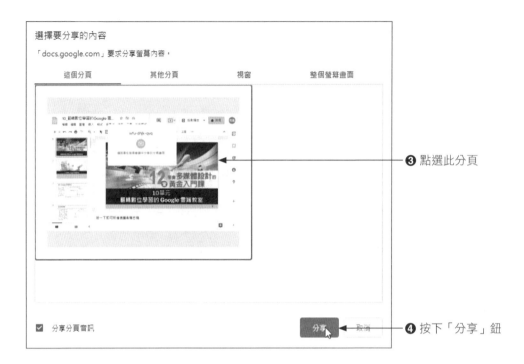

❸ 點選此分頁

❹ 按下「分享」鈕

按下「分享」鈕後，你和學生的 Google Meet 就會看到分享的畫面，這時候在 Google 簡報上按下「投影播放」鈕並下拉選擇「從頭開始」鈕，就可以進行簡報的教學。

❶ 按此鈕

❷ 選此項開始簡報教學

10-2-4 會議中停止簡報共用

　　進行簡報教學時，老師只要專注在簡報畫面進行講解即可，你也可以將兩個分頁並列，從 Google Meet 視窗查看分享頁面的效果，也可以查看學生狀況與學生進行即時通訊。等完成簡報教學時，在 Google Meet 或 Google 簡報上方都可以按下「停止共用」鈕停止簡報的分享。

任一視窗按下「停止共用」鈕可停止共用

Goole Meet 和 Google 簡報並列，可同時查看畫面效果

10-2-5 開啟雷射筆進行講解

　　進行簡報教學時，如果想針對重點處進行說明，可在左下角按下「開啟選項選單」⋮鈕，再選擇「開啟雷射筆」指令，這樣再移動滑鼠就會看到火紅的線條跟著移動。如果覺得這樣切換很麻煩，可快按「L」鍵來開啟或隱藏雷射筆的功能。如下圖所示：

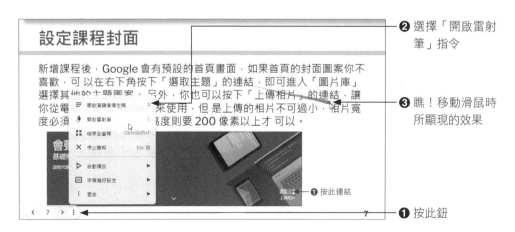

❷ 選擇「開啟雷射筆」指令

❸ 瞧！移動滑鼠時所顯現的效果

❶ 按此連結

❶ 按此鈕

10-2-6 以「簡報者檢視」模式進行教學

在進行簡報播放時,各位還可以選擇以「簡報者檢視」的模式來進行教學,這種方式會在老師的電腦上顯示演講者備忘稿,方便老師知道此投影片要介紹的內容,同時可看到前／後張投影片的縮圖。

❷ 按此鈕

❸ 執行「簡講者檢視」指令

❶ 預先利用「工具／語音輸入演講者備忘稿」指令,輸入講課的重點

❹ 自動切換到「演講者備忘稿」標籤,老師可同時看到備忘稿、投影片畫面、以及上／下一張投影片縮圖

由此下拉可快速切換到其他投影片

至於在學生端的螢幕畫面只會看到該張投影片的內容,並不會顯示備忘稿的文字喔!

學生端所看到的簡報畫面

10-2-7 自動循環播放簡報

對於簡報內容講解完成後,老師也可以利用「自動循環播放簡報」的功能,來讓學生進行複習,對於語言教學或是跟記憶有關的課程,可以利用此功能來加強學生的印象。

請在簡報播放時,由左下角按下「開啟選項選單」 ⋮ 鈕,再選擇「自動播放」指令,接著在副選項中選定時間長度,勾選底端的「循環播放」,再選擇「播放」指令,這樣就可以開始自動播放簡報,如果要跳離自動播放,可按下「Esc」鍵。

❺ 點選此指令,開始自動播放

❸ 勾選時間長度

❷ 選擇「自動播放」

❹ 勾選「循環播放」指令

❶ 按此鈕

10-3 簡報內容不藏私小工具

辛苦製作完成的簡報,為了讓簡報內容的摘要性重點可以給予更多人擁有,我們可以將指定簡報的投影片下載為圖片再傳送給他人。另外我們也可以將簡報內容建立副本提供給學生學習使用。也可以透過檔案下載功能將 Google 簡報下載為 PowerPoint 簡報或 PDF。若要與他人共用簡報,還可以透過共用的功能複製連結的網址,再將連結網址貼給共用的使用者即可。

10-3-1 下載簡報內容給學生

製作的教學簡報如果有少部分內容需要給學生作參考,老師可以指定投影片的位置,利用「檔案/下載」指令,再選擇 JPEG 圖片或 PNG 圖片的格式先下載圖片,屆時再傳檔案給學生即可。

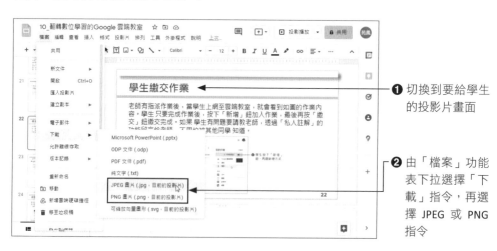

❶ 切換到要給學生的投影片畫面

❷ 由「檔案」功能表下拉選擇「下載」指令,再選擇 JPEG 或 PNG 指令

❸ 切換到「下載」資料夾,就可以看到圖片

　　如果整個簡報內容都要給學生複習，也可以選擇「檔案／下載／ PDF 文件」指令或「檔案／下載／ Microsoft PowerPoint」指令先將檔案下載下來。選擇 PDF 文件格式，則任何平台都可以看到與老師完全相同的內容，不會因為電腦中沒有該字體而顯示錯誤，對於老師的教材也有保護的作用，避免他人將教材挪作他用。

10-3-2　為簡報建立副本

　　除了利用「檔案／下載」功能，將目前投影片或整個簡報內容給學生學習外，如果只有特定的章節內容要給學生學習，也可以選擇「建立副本／選取的投影片」指令來建立副本。

❶ 由左側先選取部分單元

❷ 執行「檔案「建立副本／選取的投影」指令

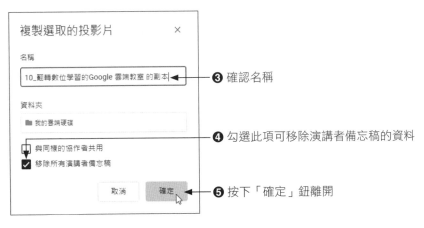

❸ 確認名稱

❹ 勾選此項可移除演講者備忘稿的資料

❺ 按下「確定」鈕離開

10-3-3　共用簡報

簡報要與他人共用，可以按下右上角的 🔒共用 鈕，你可以直接輸入共用者的電子郵件，另外也可以複製連結的網址，再將連結網址貼給你的學生即可。在複製連結時，最好設定「知道連結的使用者」都為「檢視者」，如此一來才不會收到他人要求許可的通知喔！

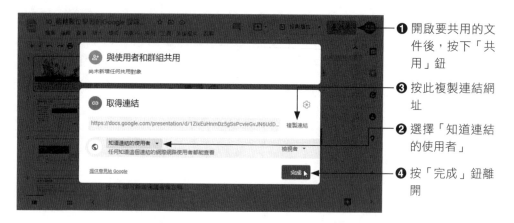

❶ 開啟要共用的文件後，按下「共用」鈕

❸ 按此複製連結網址

❷ 選擇「知道連結的使用者」

❹ 按「完成」鈕離開

　　將此連結網址貼到 Google Meet 的「即時通訊」之中，或是班級的 LINE 群組當中，這樣他人就可以與你共用這個簡報檔。

　　有關簡報的教與學就介紹到這裡，下一章的內容將介紹 Google 簡報中常用的功能，讓老師製作簡報無負擔。

多媒體動態簡報播放秀

在這個章節中，我們將針對 Google 簡報常用的製作技巧做說明，讓各位可以快速套用主題範本、插入圖文、匯入 PowerPoint 投影片、設定轉場切換、加入物件動畫效果、插入影片…等功能，讓各位在製作課程內容時得心應手。

11-1 動手做 Google 簡報

首先我們針對主題範本的使用與版面配置作介紹，讓各位輕鬆擁有美美的視覺效果與版面配置。

11-1-1 快速套用／變更主題範本

各位在新增空白簡報後，可以根據此次的簡報主題來選擇適合的主題背景。請由右側的「主題」窗格選擇要套用的範本，即可看到效果。你也可以上傳喜歡的範本主題，按下「匯入主題」鈕可由「上傳」標籤將檔案匯入。

❶ 開啟空白簡報

❷ 由右側選擇要套用的主題範本

按此鈕可上傳範本

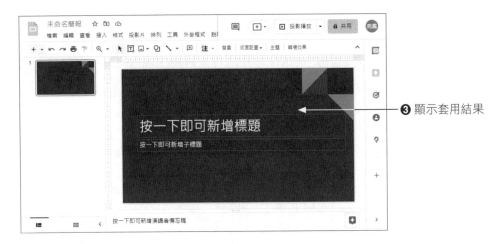

❸ 顯示套用結果

在套用主題範本後，如果右側的「主題」窗格已被關閉，想要重新選擇新的主題範本，可執行「投影片／變更主題」指令，就可以再次顯現「主題」窗格來進行重選。

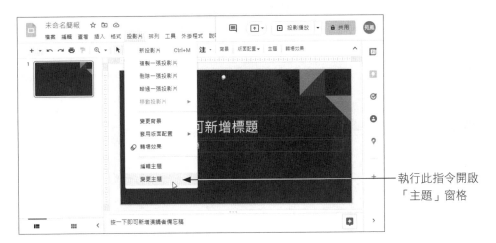

執行此指令開啟「主題」窗格

11-1-2 新增╱變更投影片版面配置

選定主題範本後，可以開始編輯投影片內容。只要在現有的文字框中輸入標題、副標題即可，若要新增投影片與配置，可從左上角的「+」鈕下拉進行新增和選擇所需的版面配置。

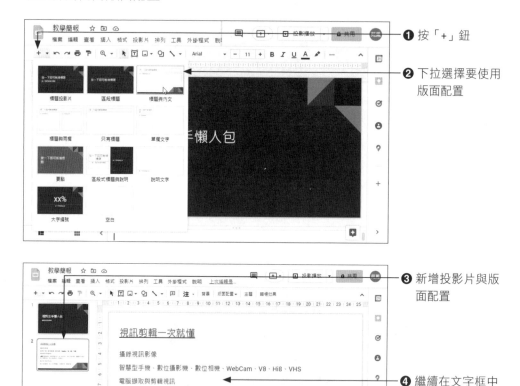

❶ 按「+」鈕

❷ 下拉選擇要使用版面配置

❸ 新增投影片與版面配置

❹ 繼續在文字框中輸入文字

　　版面配置如果需要進行變更，可以執行「投影片／套用版面配置」指令，再從縮圖中選擇所需的配置。

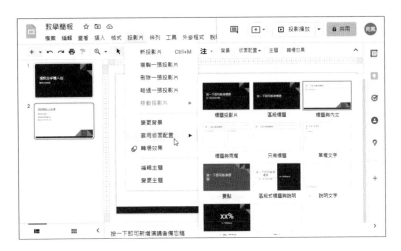

11-1-3　變更文字格式

　　想要讓教學內容有大小階層的變化，文字有主從關係，或是想設定文字格式，可以從「格式」功能表下拉選擇「文字」、「對齊與縮排」、「行距及段落間距」、「項目符號和編號」等副選項來進行調整。

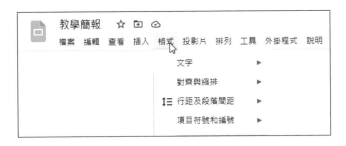

另外，你也可以直接在其工具列上進行選擇，舉凡文字大小、格式、色彩、縮排、行距、對齊…等都可以設定。

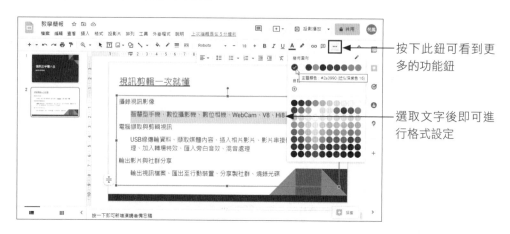

按下此鈕可看到更多的功能鈕

選取文字後即可進行格式設定

11-1-4 插入各類型物件及文字藝術

在 Google 簡報中，使用者可以插入圖片、表格、影片、文字框、圖表…等各類型的物件來增加簡報的豐富性。要插入各類型的物件，只要由「插入」功能表中選擇要插入的項目即可辦到。

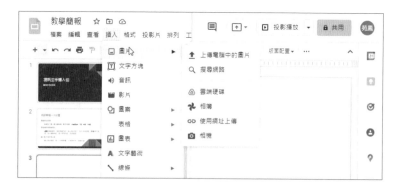

簡報中要插入圖片，可選擇上傳電腦中的圖片、搜尋網路、雲端硬碟、相簿、相機、或是使用網址上傳，這些插入方式和 Google 文件插入的圖片素材的方式相同，各位可參閱前面的相關章節說明。

　　另外，簡報中也可以插入具有特色的藝術文字來當作標題，執行「插入／文字藝術」指令，即可在輸入框中輸入文字，而透過工具列可設定文字的色彩、框線、字型…等格式。插入文字藝術的方式如下：

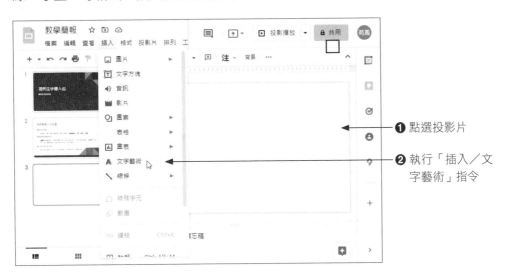

❶ 點選投影片

❷ 執行「插入／文字藝術」指令

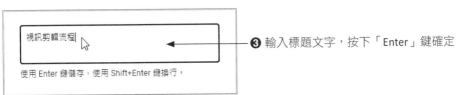

❸ 輸入標題文字，按下「Enter」鍵確定

❺ 由此列設定文字顏色、框線、及字型格式

❹ 顯示加入的藝術文字

11-1-5　匯入 PowerPoint 投影片

從無到有製作簡報是比較花費時間的，如果你已經有現成的 PowerPoint 簡報，可以考慮直接將簡報匯入至 Google 簡報中使用。執行「檔案／匯入投影片」指令，即可選擇要上傳的投影片。

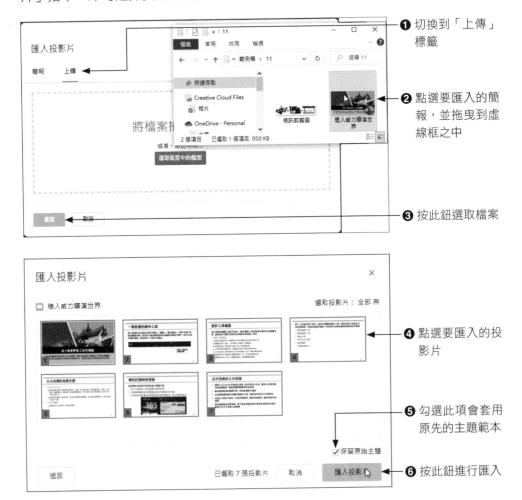

❶ 切換到「上傳」標籤

❷ 點選要匯入的簡報，並拖曳到虛線框之中

❸ 按此鈕選取檔案

❹ 點選要匯入的投影片

❺ 勾選此項會套用原先的主題範本

❻ 按此鈕進行匯入

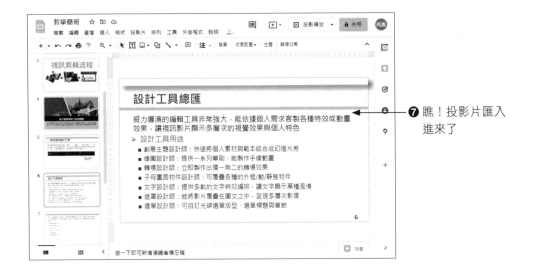

 ❼ 瞧！投影片匯入
進來了

11-2 設定多媒體動態簡報

簡報內容製作完成後，如果播放過程中能夠加入一些動態的效果，這樣可以吸引學生的注意力，所以這裡也會一併作說明。

11-2-1 設定轉場切換

要讓投影片和投影片之間進行切換時，可以顯現動態的轉場效果，可以由「查看」功能表中選擇「動畫」指令，它就會在右側顯示「轉場效果」的窗格。只要點選投影片，再下拉設定轉場效果類型，按下「播放」鈕即可看到變化。

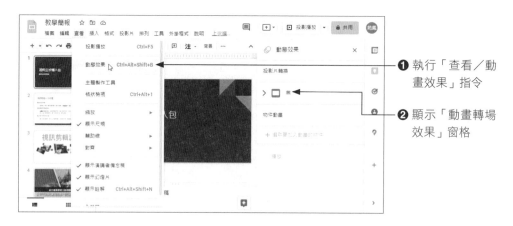

❶ 執行「查看／動
畫效果」指令

❷ 顯示「動畫轉場
效果」窗格

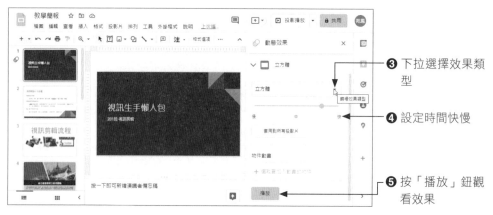

❸ 下拉選擇效果類
型

❹ 設定時間快慢

❺ 按「播放」鈕觀
看效果

按「播放」鈕觀看效果後，必須按「停止」鈕才能停止預覽。另外，相同的
轉場效果如果要套用到整個簡報中，可直接按下「套用到所有投影片」鈕。

11-2-2 加入物件動畫效果

除了投影片與投影片之間的換片效果外，你也可以針對個別的物件，諸如：
標題、內文、圖片、表格…等物件進行動畫效果的設定。只要先選定好要進行設
定的物件，再從右側窗格中按下「新增動畫」鈕即可進行設定。

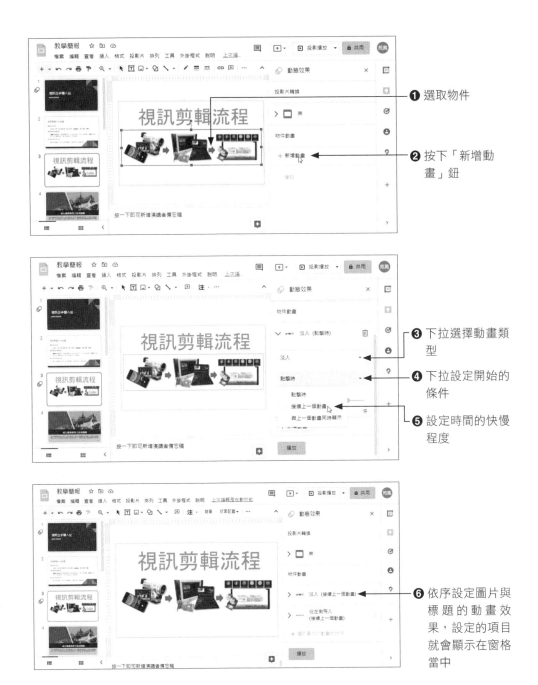

❶ 選取物件

❷ 按下「新增動畫」鈕

❸ 下拉選擇動畫類型

❹ 下拉設定開始的條件

❺ 設定時間的快慢程度

❻ 依序設定圖片與標題的動畫效果，設定的項目就會顯示在窗格當中

特別注意的是，「開始條件」的選項包含如下三種，這裡簡要説明：

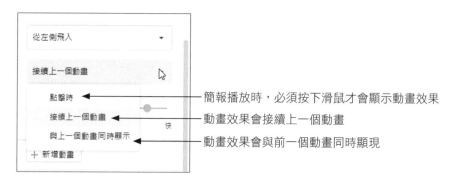

簡報播放時，必須按下滑鼠才會顯示動畫效果

動畫效果會接續上一個動畫

動畫效果會與前一個動畫同時顯現

11-2-3 調整動畫先後順序

物件加入動畫效果後，如果需要調整它們的出現的先後順序，只要按住動畫項目然後上下拖曳，就可以變更播放的順序。

❶ 按住項目，然後往上拖曳

❷ 瞧！順序改變了

11-2-4 插入與播放影片

進行教學時如果希望有影片輔助說明，可執行「插入／影片」指令來插入 YouTube 影片或是你雲端硬碟上的影片。另外，你也可直接輸入關鍵字，這樣就可以從 YouTube 網站上直接搜尋到適合的教學影片。

🎥 搜尋 YouTube 影片

❶ 輸入關鍵文字，然後按下此鈕搜尋

❷ 顯示相關的片內容

插入 YouTube 影片網址

❶ 輸入影片網址

❷ 按「選取」鈕即可將影片加入到投影片中

從雲端硬碟插入影片

❶ 從雲端硬碟上點選已上傳的影片

❷ 按此鈕選取並上傳

　　影片插入至投影片後，可從右側的「格式選項」來設定播放的方式，另外還包含大小和旋轉、位置、投影陰影等設定。

提供三種播放方式

下方有「大小和旋轉」、「位置」、「投影陰影」等設定

影片播放的方式有三種,「播放(點擊)時」和「播放(手動)」是選擇按下影片時再進行播放,「播放(自動)」則是進入該投影片時就會自動播放影片內容。

11-2-5　插入音訊

在上課之前學生都還未到齊時,老師可以在標題投影片上放入美妙的背景音樂,讓學生在上課前有愉悅的心情,進入上課正題後再自動關掉背景音樂,也可以讓整堂課都有好聽的音樂陪伴。要達到這樣的效果,可以先將準備好的音樂上傳到個人的雲端硬碟上,再執行「插入／音訊」指令就可辦到。

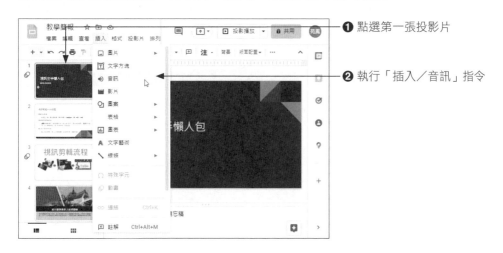

❶ 點選第一張投影片

❷ 執行「插入／音訊」指令

❸ 從「我的雲端硬碟」標籤中點選檔案

❹ 按下「選取」鈕

❺ 顯示插入的音檔圖示

❻ 點選「自動」，讓聲音自動播放

❼ 勾選此二項，讓播放時隱藏圖示，且音樂循環播放

　　設定完成後，播放簡報時就會自動循環播放背景音樂，直到老師切換到下一張投影片時，音樂就會自動停止。如果老師希望整個簡報都要有背景音樂陪襯，則請取消「投影片變更時停止」的選項即可。

12

製作表格、圖表與流程圖

Google

這個章節主要探討表格、圖表與流程圖的製作,雖然 Google 簡報沒有像 Microsoft PowerPoint 一樣有提供 SmartArt 的功能,讓你可以快速以視覺方式溝通資訊,但是各位仍可以利用「圖案」功能來繪製出想要的幾何圖案、箭頭或線條。

12-1　表格插入與美化

在簡報中,表格被運用的機會相當高,表格可以整齊的將各類資訊呈現出來,透過屬性的設定也可以變得很吸睛。

12-1-1　插入表格

要插入表格,請執行「插入/表格」指令,再從右側的選單中拖曳出要繪製的欄與列數。這裡以 4 列 7 欄的表格做示範。

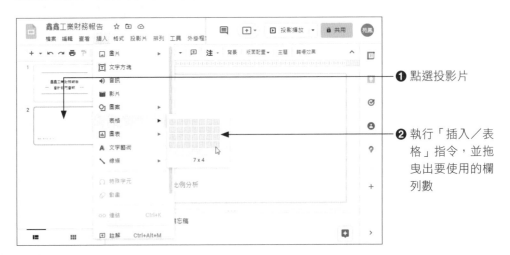

❶ 點選投影片

❷ 執行「插入/表格」指令,並拖曳出要使用的欄列數

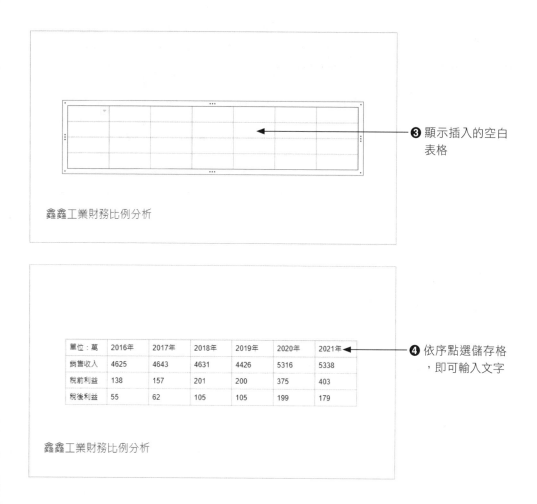

❸ 顯示插入的空白表格

❹ 依序點選儲存格，即可輸入文字

12-1-2 插入與刪除欄列

繪製表格的過程中，萬一發現有資料沒有加入，需要再新增列或欄時，可點選儲存格後，執行「格式／表格」指令，再從選單中選擇向上／向下插入列，或是向左／向右插入欄。

❶ 點選要加入的儲存格

❷ 由此選擇要加入的位置

12-1-3 調整表格欄寬列高

表格資料加入後,各位可因應投影片的尺寸來調整表格的大小,使畫面看起來順眼些。請將滑鼠移到表格的邊界,按下滑鼠左鍵進行拖曳,即可調整表格的大小。

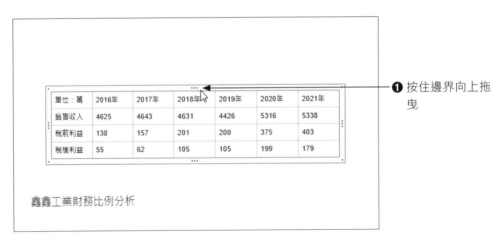

❶ 按住邊界向上拖曳

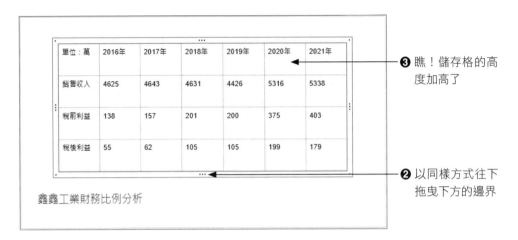

單位：萬	2016年	2017年	2018年	2019年	2020年	2021年
銷售收入	4625	4643	4631	4426	5316	5338
稅前利益	138	157	201	200	375	403
稅後利益	55	62	105	105	199	179

❸ 瞧！儲存格的高度加高了

❷ 以同樣方式往下拖曳下方的邊界

鑫鑫工業財務比例分析

除了以手動方式調整表格的大小與寬高外，也可以執行「格式／格式選項」指令，就會在右側顯示「格式選項」的窗格，由窗格中可精確控制表格的大小、旋轉、位置、文字合框等屬性。

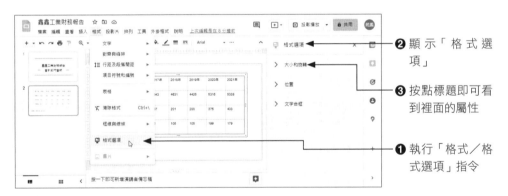

❷ 顯示「格式選項」

❸ 按點標題即可看到裡面的屬性

❶ 執行「格式／格式選項」指令

12-1-4 表格文字的對齊

剛剛把表格加大後，各位會發現文字是貼在儲存格的上緣，下方留了很多的空白，看起來很不協調，想要調整文字的對齊的方式，可由工具列進行調整。

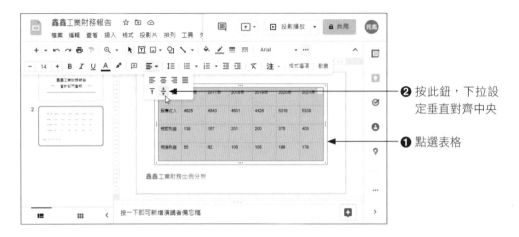

❷ 按此鈕，下拉設
定垂直對齊中央

❶ 點選表格

同樣地，如果要設定表格文字的水平對齊方式，也是由工具列即可進行
選擇。

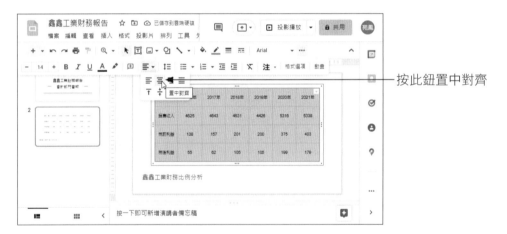

按此鈕置中對齊

12-1-5 為表格增添色彩

白底黑字的表格看起來了無生氣，我們可以透過工具列上的「文字工具」
A 鈕來為文字增添色彩，或是利用「填滿顏色」◇ 鈕，為儲存格填入各種不同
的底色。

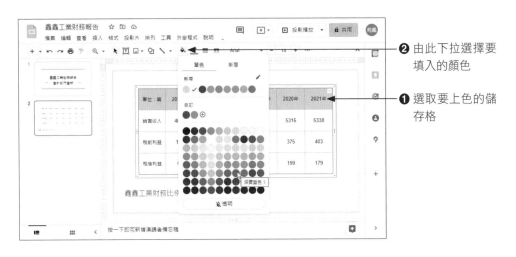

❷ 由此下拉選擇要填入的顏色

❶ 選取要上色的儲存格

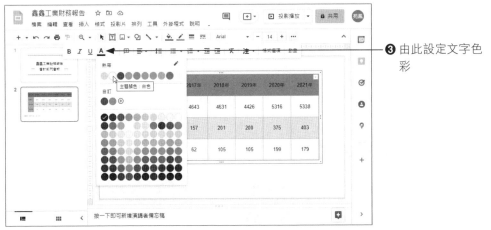

❸ 由此設定文字色彩

單位：萬	2016年	2017年	2018年	2019年	2020年	2021年
銷售收入	4625	4643	4631	4426	5316	5338
稅前利益	138	157	201	200	375	403
稅後利益	55	62	105	105	199	179

鑫鑫工業財務比例分析

❹ 表格色彩變豐富了

12-1-6　設定文字格式

針對表格中的文字，你也可以透過工具列來設定文字的字體和大小等屬性，如果表格中的文字內容較多，需要加入項目符號清單、編號清單、縮排…等，也一樣透過工具列即可做到。

工具列上提供各種
文字格式的設定

12-1-7　表格框線設定

表格框線也可以自由設定顏色與粗細，也可以設定為虛線的效果，讓表格顯示更多樣的變化，都是透過工具列即可完成。

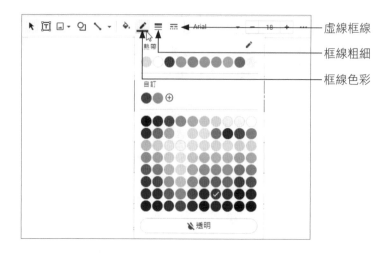

虛線框線

框線粗細

框線色彩

12-2 圖表的插入與編修

　　Google 簡報除了表格的應用外，也可以輕鬆加入圖表。不管是長條圖、柱狀圖、折線圖、圓餅圖，或是直接使用現有試算表的資料，都可以輕鬆製作圖表，這裡就來一起探討圖表的插入與編修技巧。

12-2-1 插入圖表 - 長條圖

　　執行「插入／圖表」指令，可從副選單中選擇要插入的圖表類型，這裡我們以長條圖做示範。

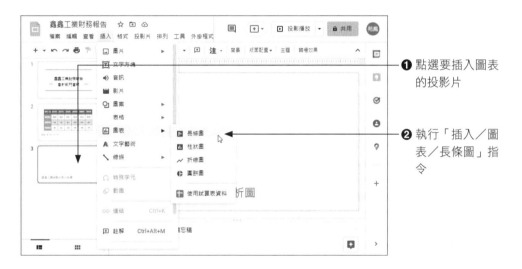

❶ 點選要插入圖表的投影片

❷ 執行「插入／圖表／長條圖」指令

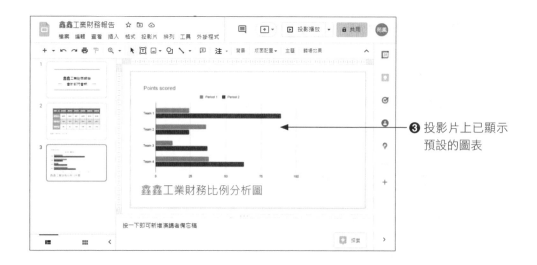

❸ 投影片上已顯示預設的圖表

12-2-2 編輯圖表資料

投影片上有了圖表後，接著準備編輯圖表的資料。請按下圖表右上角的 ⊖ 鈕，我們要開啟來源文件來進行編輯。

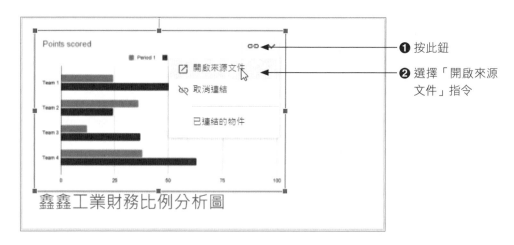

❶ 按此鈕

❷ 選擇「開啟來源文件」指令

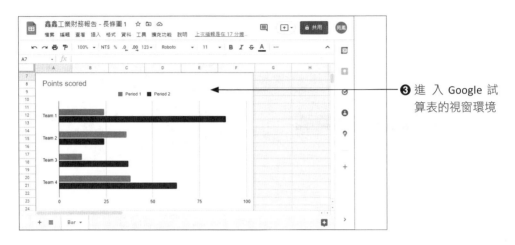

❸ 進 入 Google 試
算表的視窗環境

在此我們移開圖表,在此試算表中將我們的資料輸入。這裡我們將前一張投影片製作的表格內容貼入,同時依照資料的不同來進行圖表的編輯。

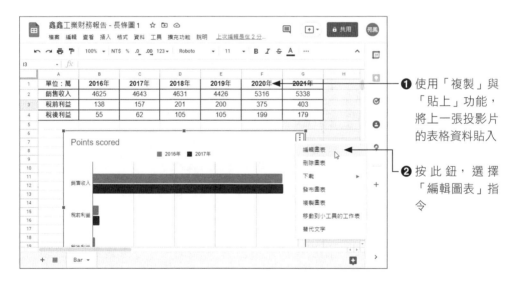

❶ 使用「複製」與
「貼上」功能,
將上一張投影片
的表格資料貼入

❷ 按 此 鈕,選 擇
「編輯圖表」指
令

12-2-3 圖表編輯器

選擇「編輯圖表」指令後,會在右側的窗格中看到「圖表編輯器」的窗格,由「設定」標籤可以更換圖表類型、堆疊方式,同時可以設定資料範圍,使符合你所插入的資料。

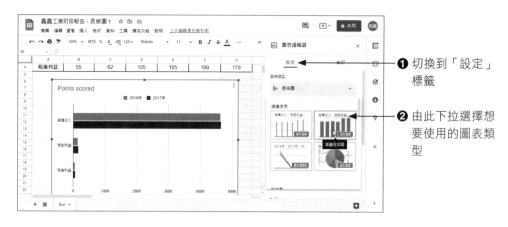

❶ 切換到「設定」
標籤

❷ 由此下拉選擇想
要使用的圖表類
型

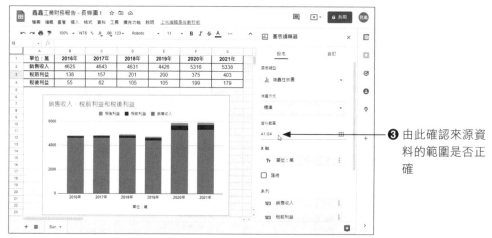

❸ 由此確認來源資
料的範圍是否正
確

12-2-4　更新圖表

確認試算表的資料後，請切換回到 Google 簡報的視窗，由圖表右上方按下「更新」鈕，就可以更新圖表的資料了。

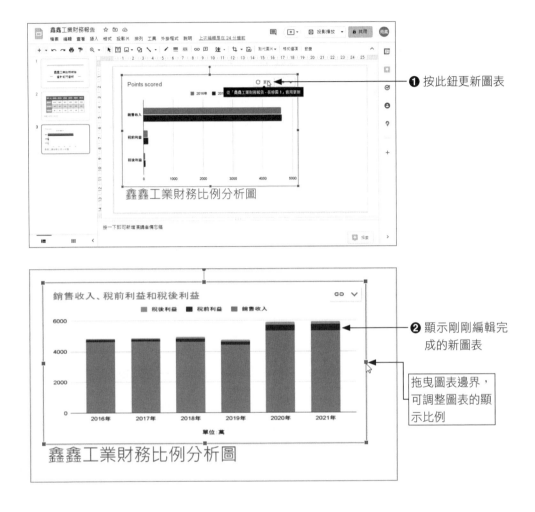

● 按此鈕更新圖表

鑫鑫工業財務比例分析圖

● 顯示剛剛編輯完成的新圖表

拖曳圖表邊界，可調整圖表的顯示比例

鑫鑫工業財務比例分析圖

12-3 流程圖的插入與美化

　　在 Google 的應用軟體中，中文語系的 Google 簡報並沒有提供流程圖的插入功能，不過英文版則有提供，如果你想要快速套用流程圖的樣式，可以將 Google 的語言設定為英文。若是覺得這樣太麻煩，卻又想要插入具有視覺效果的流程圖，那麼直接利用 Google 簡報中的「圖案」工具就可以搞定，這裡我們針對流程圖的插入與美化跟各位做說明。

12-3-1 使用英文版插入流程圖

要將 Google 簡報的介面變成英文版，可從左上角的 ☰ 鈕下拉選擇「設定」指令，再進行「語言」的變更。

❶ 下拉選擇「設定」指令

❷ 點選「中文」

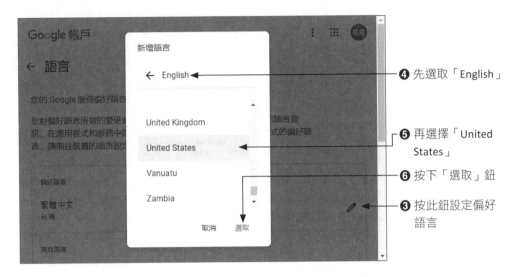

完成如上設定後，重新開啟 Google 簡報程式，就會看到界面變成英文板，此時執行「Insert ／ Diagram」指令，就可以從右側的窗格中選擇想要套用的流程圖樣式。

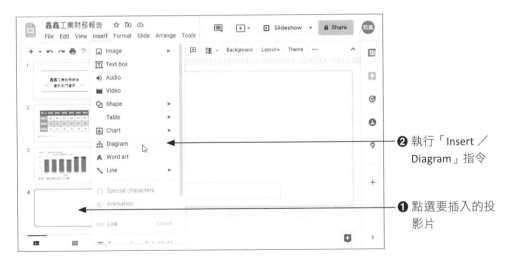

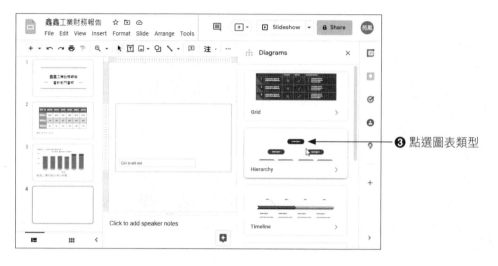

❸ 點選圖表類型

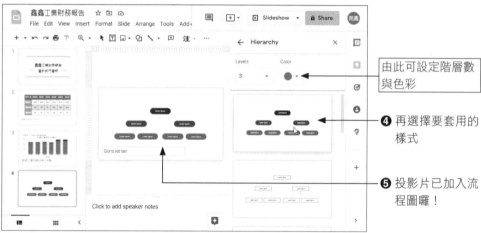

由此可設定階層數與色彩

❹ 再選擇要套用的樣式

❺ 投影片已加入流程圖囉！

有了流程圖的基本圖案後，只要點選圖案修改文字內容，再利用工具列的功能鈕調整文字大小，就可以快速完成流程圖的製作。

12-3-2 使用「圖案」與「線條」工具繪製流程圖

如果不打算切換到英文介面來插入流程圖，那麼可以透過「圖案」工具和「線條」工具來繪製流程圖。此處就以公司的組織架構圖來做示範。

插入「圖案」

❶ 執行「插入／圖案／圖案」指令，再點選想要使用的圖案鈕

❷ 拖曳出圖案後，按右鍵執行「編輯文字」指令，並輸入文字

❸ 選取文字後，可由工具列設定文字大小與色彩

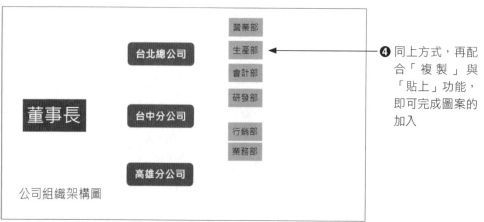

❹ 同上方式，再配合「複製」與「貼上」功能，即可完成圖案的加入

插入線條

在線條方面，執行「插入／線條」指令，可插入線條、箭號、肘形接點、弧形接點、弧形、折線、塗鴉等多種線條，此外，「插入／圖案／箭頭」指令也有各種的箭頭可以選用，只要點選線條樣式，就可以進行圖案與圖案之間的連接。以下示範的是「肘形接點」的使用方式：

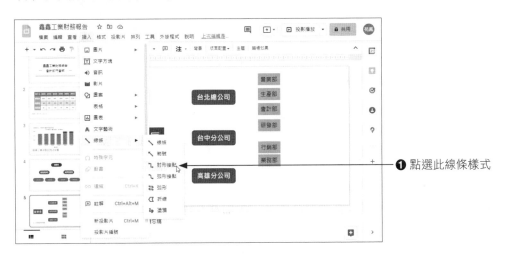

❶ 點選此線條樣式

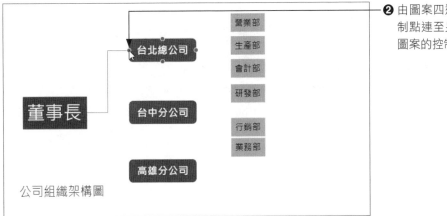

❷ 由圖案四邊的控制點連至另一個圖案的控制點

當你將線條由一個圖案的控制點連到另一個圖案的控制點，它的好處是，當你移動圖案的位置時，連接線會自動跟著移動，你就不用重新調整線條的連接。連接線的粗細與色彩可由工具列進行調整。

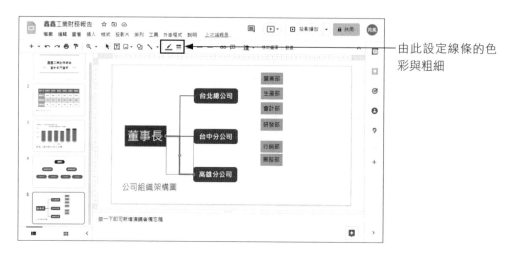

由此設定線條的色彩與粗細

你也可以使用弧形接點來進行圖案之間的連接，其連結的效果如下：

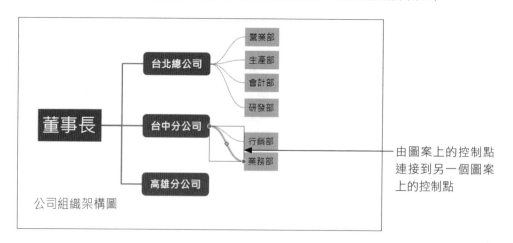

由圖案上的控制點連接到另一個圖案上的控制點

限於篇幅的關係，有關表格、圖表及流程圖的編輯技巧就介紹到這裡，希望各位都可以輕鬆上手製作，增添簡報的可看性。

13

24 小時不打烊的 Google 雲端硬碟

Google

Google 雲端硬碟（Google Drive）能夠讓你儲存相片、文件、試算表、簡報、繪圖、影音等各種內容，免費版 Google 雲端硬碟容量是 15GB。和其他的雲端硬碟產品比起來確實可觀讓你無論透過智慧型手機、平板電腦或桌機，在任何地方都可以存取雲端硬碟中的檔案文書作業系統、個人檔案資料庫、多人協作平台；或是用來編修圖片、網路傳真、製作問卷等，應用層面無遠弗屆。至於雲端硬碟採用傳輸層安全標準（TLS）取代 SSL，更加確保雲端硬碟資料或文件的安全性。各位可以先去下列網址申請 Google 帳戶：

https://accounts.google.com/SignUp?hl=zh-TW

TIPS 安全插槽層協定（Secure Socket Layer, SSL）是一種 128 位元傳輸加密的安全機制，由網景公司於 1994 年提出，目的在於協助使用者在傳輸過程中保護資料安全。是目前網路上十分流行的資料安全傳輸加密協定。最近推出的傳輸層安全協定（Transport Layer Security, TLS）是由 SSL 3.0 版本為基礎改良而來，提供了比 SSL 協定更好的通訊安全性與可靠性，避免未經授權的第三方竊聽或修改，可以算是 SSL 安全機制的更新進階版。

13-1 雲端硬碟的四大亮點

使用 Google Drive 有一個很重要的原因就是「團隊合作」，因為 Google 的線上文件、簡報、表格功能可以多人即時協同編輯，達到合作的最大效率。各位想要進入雲端硬碟，由 Google 右上角的 ⊞ 鈕，下拉選擇「雲端硬碟」圖示，或是直接於瀏覽器上輸入網址：https://drive.google.com/drive/my-drive，就可以進入雲端硬碟的主畫面。

❶ 按此鈕

❷ 選取此圖示鈕

❸ 進入個人雲端硬碟的主畫面

申請好登入連上下列網址 https://accounts.google.com，並進入 Google 帳戶的登入畫面，輸入密碼後，按下「登入」鈕就完成登入 Google 帳戶的行為。

13-1-1　共用檔案協同合作編輯

雲端硬碟中的各種文件檔案或資料夾，可以邀請他人一同查看或編輯，輕鬆與他人進行線上協同作業。

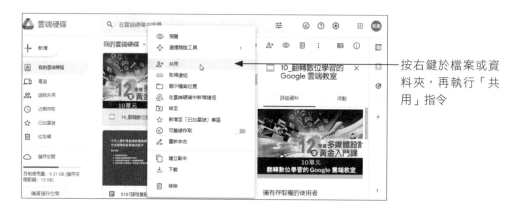

按右鍵於檔案或資料夾，再執行「共用」指令

如果要建立或存取 Google 文件、Google 試算表和 Google 簡報，也可以透過以下方式來建立，還可以在本地端電腦上傳檔案或資料夾到雲端硬碟上。

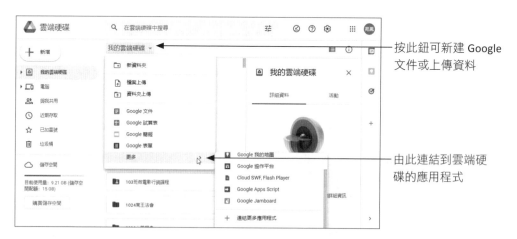

按此鈕可新建 Google 文件或上傳資料

由此連結到雲端硬碟的應用程式

要上傳檔案或資料夾到 Google 雲端硬碟，除了從「我的雲端硬碟」的下拉功能選單中執行「上傳檔案」或「上傳資料夾」指令外，如果你使用 Chrome 或 Firefox 瀏覽器，還可以將檔案從本地端電腦直接拖曳到 Google 雲端硬碟的資料夾或子資料夾內。

13-1-2　連結雲端硬碟應用程式（**App**）

此外，Google 雲端硬碟可以連結到超過 100 個以上的雲端硬碟應用程式，這些實用的軟體資源，可以幫助各位豐富日常生活中許多的工作、作品或文件，要連結上這些應用程式，可於上圖中點選「我的雲端硬碟／更多／連結更多應用程式」指令，就會出現如下圖的視窗供各位將應用程式連接到雲端硬碟。

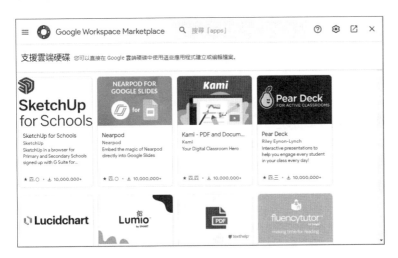

如果想知道目前有哪些應用程式已連結到你的雲端硬碟，可在「雲端硬碟」主畫面按下 ⚙ 鈕並下拉選擇「設定」指令，切換到「管理應用程式」標籤，即可看到已連結的應用程式。

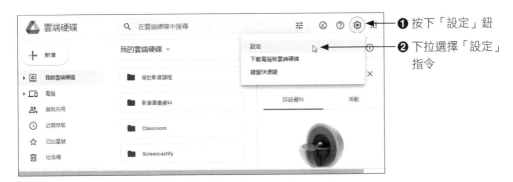

❶ 按下「設定」鈕

❷ 下拉選擇「設定」指令

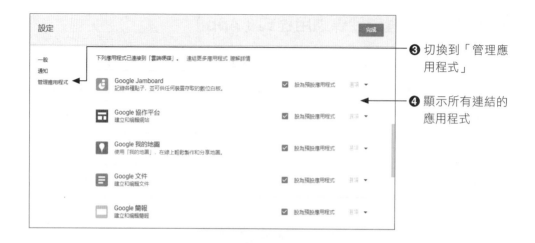

❸ 切換到「管理應用程式」

❹ 顯示所有連結的應用程式

13-1-3 利用表單進行問卷調查

除了建立文件外，Google 雲端硬碟上的 Google 表單應用程式可讓您透過簡單的線上表單進行問卷調查，並可以直接在試算表中查看結果。

使用表單進行問卷調查

13-1-4 整合 Gmail 郵件服務

雲端硬碟也能將 Gmail 郵件服務功能整合在一起，如果要將 Gmail 的附件儲存在雲端硬碟上，只要將滑鼠游標停在 Gmail 附件上，然後尋找「雲端硬碟」圖示鈕，這樣就能將各種附件儲存至更具安全性且集中管理的雲端硬碟。

點選附件後出現此圖示時，按此進行新增

13-2 雲端硬碟的管理與使用

雲端硬碟的空間大，可以讓用戶存放許多的檔案，如果不妥善管理，那麼硬碟就會雜亂無章且不敷使用，要找尋檔案也不容易。因此這一小節將介紹檔案的上傳、下載、開啟方式、分類管理、分享／共用等使用技巧，以及如何查看你的雲端硬碟的使用量。

13-2-1 查看雲端硬碟使用量

Google 雲端硬碟雖然提供了 15 GB 的免費空間，但是影音、相片的資料量通常都很大，而 Google 空間是由 Google 雲端硬碟、Gmail、Google 相簿三項服務所共用，如果想要進一步知道儲存空間的用量，可以在視窗左下角看到。

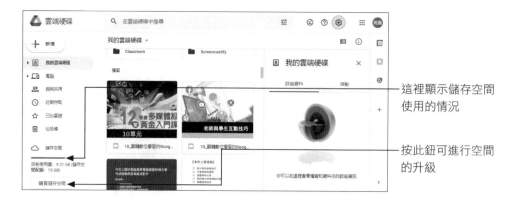

這裡顯示儲存空間使用的情況

按此鈕可進行空間的升級

如果你的儲存空間不夠使用，那麼可以考慮付費來取得更多的空間。按下左下角的「購買儲存空間」會在如下的視窗中顯示你目前空間的使用狀況，再下移畫面即可選購各項方案，目前基本版 100 GB 的空間每月只需付 65 元，相當便宜，而且最多可與 5 位使用者分享，方便一家人共用儲存空間。

13-2-2　上傳檔案／資料夾

不論是在學校或在外地，想將檔案上傳到雲端硬碟，只要進入個人帳戶和雲端硬碟後，就可以透過左上角的「新增」鈕或是如下方式來上傳檔案，上傳的檔案類型沒有限制。

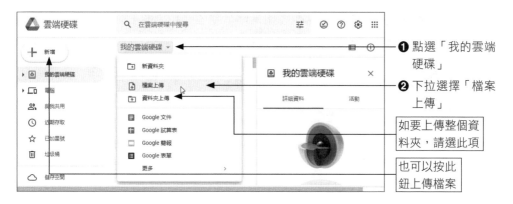

❶ 點選「我的雲端硬碟」

❷ 下拉選擇「檔案上傳」

如要上傳整個資料夾，請選此項

也可以按此鈕上傳檔案

❸ 點選要上傳的檔案

❹ 按「開啟」鈕開啟檔案

❺ 顯示上傳成功

上面示範的只是上傳一個檔案，如果你有整個資料夾要上傳，則請選擇「上傳資料夾」的選項，這樣上傳後就會自動在我的雲端硬碟下方顯示資料夾名稱。如果需要直接在雲端硬碟上新增資料夾，可選擇「新資料夾」指令。

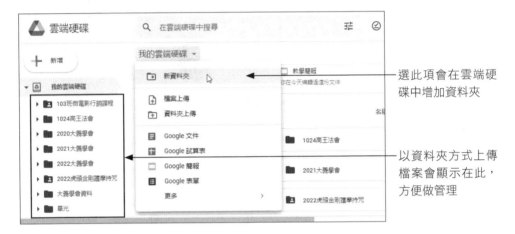

選此項會在雲端硬碟中增加資料夾

以資料夾方式上傳檔案會顯示在此，方便做管理

13-2-3　用顏色區隔重要資料夾

當雲端硬碟中的資料夾越來越多時，要想快速找到重要資料，各位可以透過顏色來加以區隔，這樣就可以凸顯資料夾的重要性。

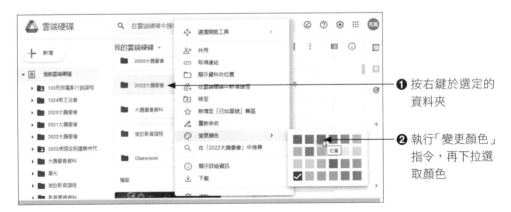

❶ 按右鍵於選定的資料夾

❷ 執行「變更顏色」指令，再下拉選取顏色

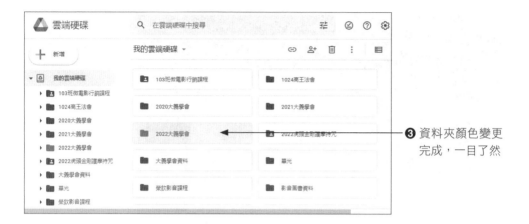

❸ 資料夾顏色變更
完成,一目了然

13-2-4 預覽與開啟檔案

存放在雲端硬碟中的檔案,如果想要預覽內容,只要按右鍵在檔案的縮圖,
即可選擇「預覽」指令,而要直接開啟檔案,可按右鍵執行「選擇開啟工具」指
令,再由副選單中選擇適切的應用程式,要是遇到雲端硬碟上沒有適切的軟體可
開啟檔案,建議下載後再由電腦中的程式來進行開啟。

按右鍵執行「預覽」
指令可預覽內容

想要直接開啟檔案,
請選擇此指令

13-2-5 下載檔案至電腦

當你開啟檔案進行預覽後,如果需要下載檔案,只要在視窗右上角按下 ![download] 按
鈕,檔案就會下載至使用者的「下載」資料夾中。

按此鈕下載檔案

13-2-6　刪除／救回誤刪檔案

對於不再使用的檔案，你可以直接按右鍵在檔案縮圖，然後執行「移除」指令來進行刪除。刪除後的檔案會保留在「垃圾桶」的資料夾中，萬一檔案誤刪，只要切換到「垃圾桶」，然後按右鍵在誤刪的檔案上，即可執行「還原」指令來還原檔案。通常垃圾桶中的項目會自動在 30 天以後永久刪除，如果因為硬碟空間不夠，想要將垃圾桶清空，可按下「清空垃圾桶」鈕，而永久刪除的檔案就無法進行復原。

垃圾桶放置已刪除的檔案

按此鈕可永久刪除垃圾桶中的檔案

誤刪的檔案可按右鍵進行「還原」

13-2-7　分享與共用權限設定

用戶存放在雲端上的檔案，其預設值是屬於私人的檔案，但是也可以分享給其他人來瀏覽或編輯。如果是與他人共用的檔案，會在檔案後方出現 👥 的圖示。如下圖所示：

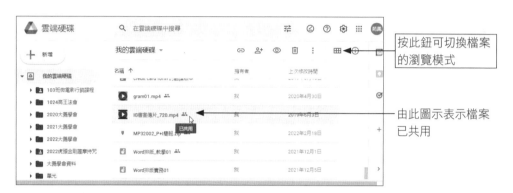

檔案和他人共用，可以提升小組成員的工作效率，只要對方取得連結的網址，即可檢視或進行編輯。另外你也可以直接輸入對方的電子郵件信箱，這樣對方也能與你共用文件。

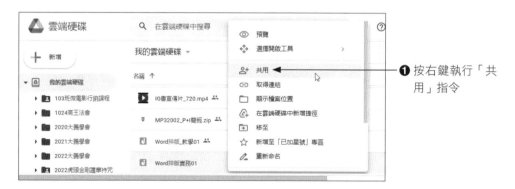

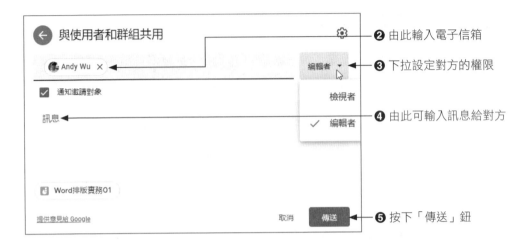

如果你的檔案要與很多人分享，又不知分享對象的電子郵件資訊，那麼可以按右鍵執行「取得連結」指令，進入如下視窗後，將「限制」變更為「知道連結的使用者」，複製連結網址後，按下「完成」鈕離開，只要將連結網址分享給要分享的對象就可搞定。

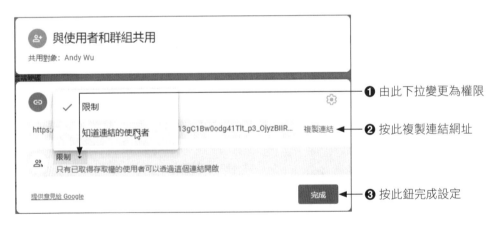

13-2-8　內建文件翻譯功能

Google 硬碟內容 Google 翻譯的功能，要使用這項功能只要在 Google 文件中執行「工具 / 翻譯文件」指令，即可快速翻譯成指定的語言，例如我們可以將英

文文件翻譯成繁體中文，如果翻譯的結果不是很通順，各位還可以立即修改文字
內容。

❶ 開啟 Google 文件
並執行「工具 /
翻譯文件」指令

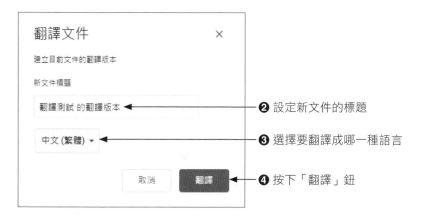

❷ 設定新文件的標題

❸ 選擇要翻譯成哪一種語言

❹ 按下「翻譯」鈕

❺ 文件馬上翻譯成
指定的語言

13-2-9　辨識聲音轉成文字

工作中有時會需要將口語的介紹聲音轉成文字檔，再配合影片剪輯的功能作為影片的字幕之用。如果希望將聲音轉文字的功能，可以藉助 Google 文件的「工具 / 語音輸入」指令，並且點選畫面上的麥克風圖示，這種情況下只要是由麥克風所收錄的聲音都會轉成文字，而且 Google 文件這項語音輸入功能其正確率還算不錯，可以大幅節省許多文字的輸入工作。

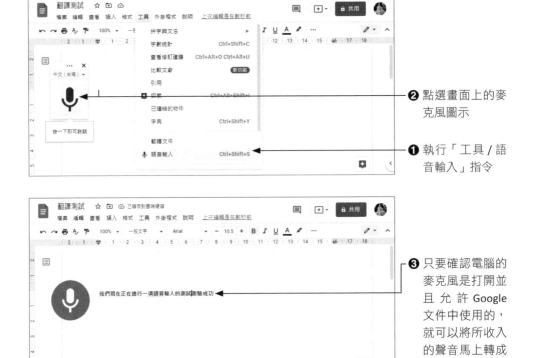

❷ 點選畫面上的麥克風圖示

❶ 執行「工具 / 語音輸入」指令

❸ 只要確認電腦的麥克風是打開並且允許 Google 文件中使用的，就可以將所收入的聲音馬上轉成文字

13-2-10　增加 Google 雲端硬碟容量

如果想增加 Google 雲端硬碟容量，不妨將 Google 雲端硬碟垃圾桶進行清理的動作，當清空雲端硬碟垃圾桶就可以釋放許多雲端硬碟容量。在預設的情

況下，垃圾桶中的項目會在 30 天後永久刪除，也就是說您刪除檔案只在垃圾桶保留 30 天，之後會永久刪除。要清空雲端硬碟垃圾桶的作法，可以參考下列作法，首先請登入您的 Google Drive 帳戶，進入雲端硬碟後，其它步驟如下：

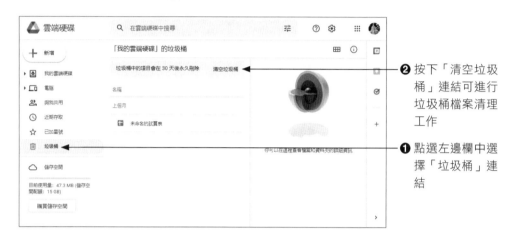

❷ 按下「清空垃圾桶」連結可進行垃圾桶檔案清理工作

❶ 點選左邊欄中選擇「垃圾桶」連結

❸ 會再次出現確認視窗，提醒您是否需要永久刪除垃圾桶的所有檔案，點擊「永久刪除」鈕就會將垃圾桶內的檔案清空永久刪除

13-2-11 合併多個 PDF 檔

PDF 格式有許多優點，例如 pdf 格式具有跨平台、格式固定、非常多的軟體可以支持直接導出 pdf 文件、不會變動格式…等優點，不過我們不容易將 PDF 文件合併或進行編輯，因此如果您的雲端硬碟有多個 PDF 文件想進行合併，這種情況下就可以藉助「PDF Mergy」網站，它可允許各位線上合併電腦中或 Google

雲端硬碟的 PDF 文件成一個完整的 PDF 文件檔案。在該網站中,各位可以直接由電腦或 Google 雲端硬碟上傳要合併的 PDF 文件。

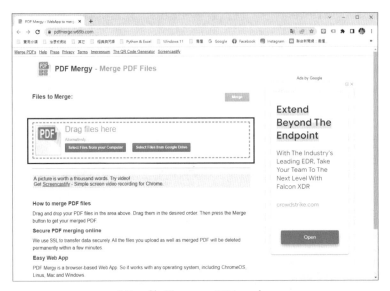

https://pdfmerge.w69b.com/

13-2-12　設定只有你本人可以共用檔案

如要設定只有你本人可以共用檔案,首先開啟 Google 雲端硬碟、Google 文件、Google 試算表或 Google 簡報的主畫面。接著請依照下列步驟操作,底下筆者將以 Google 試算表來進行示範:

❶ 開啟要變更權限的檔案,接著按「共用」圖示

❷ 按一下頂端的
「設定」圖示

❸ 取消勾選「編輯者可共用內
容及變更權限」前面的核取
方塊

❹ 最後按下「完成」鈕

13-2-13　將雲端硬碟檔案分享給指定的人

　　有時候我們有必要將雲端硬碟的檔案分享給合作同仁或特定人員，這種情況
下我們就可以透過底下的作法將雲端硬碟的檔案分享給指定的人，使用 Google
雲端硬碟檔案分享的權限設定方式，分享的檔案安全性較高，必須是被指定的人
才可以開啟該檔案。也就是說，即使某一個知道分享的網址，因為沒有被授予權
限，也無法開啟該檔案或資料夾。完整的操作示範說明如下：

❶ 登入 Google 首頁以後，點選「雲端硬碟」圖示鈕

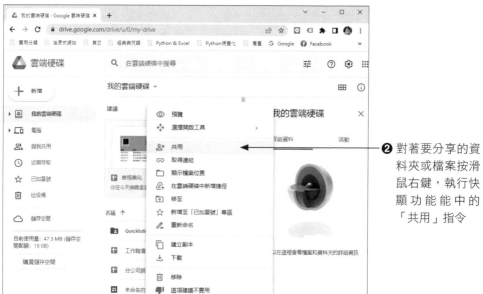

❷ 對著要分享的資料夾或檔案按滑鼠右鍵，執行快顯功能能中的「共用」指令

❸ 點選「變更為任
何知道這個連
結的使用者」

❹ 下拉勾選「限制」
權限

❺ 按此鈕新增要分享的人

❻ 輸入要分享的電子郵件，並按下 Enter 鍵

❼ 已經新增一個分享的使用者

❽ 再按「傳送」鈕

❾ 接著請按此鈕將雲端硬碟關閉

⓾ 當指定分享檔案的人，會收到電子郵件，就可以按「開啟」來共享檔案

Google 文件與試算表
串接 ChatGPT 實務

今年度科技界最火紅的話題絕對離不開 ChatGPT，ChatGPT 引爆生成式 AI 革命。ChatGPT 是由 OpenAI 所開發的一款基於生成式 AI 的免費聊天機器人，擁有強大的自然語言生成能力，可以根據上下文進行對話，並進行多種應用，包括客戶服務、銷售、產品行銷等，短短 2 個月全球用戶超過 1 億，超過抖音的用戶量。ChatGPT 是由 OpenAI 公司開發的最新版本，該技術是建立在深度學習（Deep Learning）和自然語言處理技術（Natural Language Processing, NLP）的基礎上。由於 ChatGPT 基於開放式網路的大量資料進行訓練，使其能夠產生高度精確、自然流暢的對話回應，與人進行互動交談。如下圖所示：

ChatGPT 能和人類以一般人的對話方式與使用者互動，例如提供建議、寫作輔助、寫程式、寫文章、寫信、寫論文、劇本小說…等，而且所回答的內容有模有樣，除了可以給予各種問題的建議，也可以幫忙寫作業或程式碼，例如下列二圖的回答內容：

ChatGPT 之所以強大，是它背後難以數計的資料庫，任何食衣住行育樂的各種生活問題或學科都可以問 ChatGPT，而 ChatGPT 也會以類似人類會寫出來的文字，給予相當到位的回答，與 ChatGPT 互動是一種雙向學習的過程，在用戶獲得想要資訊內容文字的過程中，ChatGPT 也不斷在吸收與學習，ChatGPT 用途非常

廣泛多元，根據國外報導，很多亞馬遜上店家和品牌紛紛轉向 ChatGPT，還可以幫助店家或品牌再進行社群行銷時為他們的產品生成吸引人的標題，和尋找宣傳方法，進而與廣大的目標受眾產生共鳴，從而提高客戶參與度和轉換率。

> **TIPS** 電腦科學家通常將人類的語言稱為自然語言 NL（Natural Language），比如說中文、英文、日文、韓文、泰文等，這也使得自然語言處理（Natural Language Processing, NLP）範圍非常廣泛，所謂 NLP 就是讓電腦擁有理解人類語言的能力，也就是一種藉由大量的文字資料搭配音訊資料，並透過複雜的數學聲學模型（Acoustic model）及演算法來讓機器去認知、理解、分類並運用人類日常語言的技術。
>
> GPT 是「生成型預訓練變換模型（Generative Pre-trained Transformer）」的縮寫，是一種語言模型，可以執行非常複雜的任務，會根據輸入的問題自動生成答案，並具有編寫和除錯電腦程式的能力，如回覆問題、生成文章和程式碼，或者翻譯文章內容等。

14-1 ChatGPT 初體驗

從技術的角度來看，ChatGPT 是根據從網路上獲取的大量文字樣本進行機器人工智慧的訓練，與一般聊天機器人的相異之處在於 ChatGPT 有豐富的知識庫以及強大的自然語言處理能力，使得 ChatGPT 能夠充分理解並自然地回應訊息，不管你有什麼疑難雜症，你都可以詢問它。國外許多專家都一致認為 ChatGPT 聊天機器人比 Apple Siri 語音助理或 Google 助理更聰明，當用戶不斷以問答的方式和 ChatGPT 進行互動對話，聊天機器人就會根據你的問題進行相對應的回答，並提升這個 AI 的邏輯與智慧。

　　登入 Chat GPT 網站註冊的過程中雖然是全英文介面，但是註冊過後在與 Chat GPT 聊天機器人互動發問問題時，可以直接使用中文的方式來輸入，而且回答的內容的專業性也不失水平，甚至不亞於人類的回答內容。

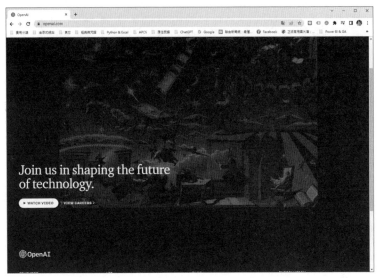

🔺 OpenAI 官網 https://openai.com/

　　目前 ChatGPT 可以辨識中文、英文、日文或西班牙等多國語言，透過人性化的回應方式來回答各種問題。這些問題甚至包括了各種專業技術領域或學科的問題，可以說是樣樣精通的百科全書，不過 ChatGPT 的資料來源並非 100% 正確，在使用 ChatGPT 時所獲得的回答可能會有偏誤，為了得到的答案更準確，當使用 ChatGPT 回答問題時，應避免使用模糊的詞語或縮寫。「問對問題」不僅能夠幫助用戶獲得更好的回答，ChatGPT 也會藉此不斷精進優化，AI 工具的魅力就在於它的學習能力及彈性，尤其目前的 ChatGPT 版本已經可以累積與儲存學習紀錄。切記！清晰具體的提問才是與 ChatGPT 的最佳互動。如果需要進深入知道更多的內容，除了盡量提供夠多的訊息，就是提供足夠的細節和上下文。

14-1-1 註冊免費 ChatGPT 帳號

首先我們就先來示範如何註冊免費的 ChatGPT 帳號，請先登入 ChatGPT 官網，它的網址為 https://chat.openai.com/，登入官網後，若沒有帳號的使用者，可以直接點選畫面中的「Sign up」按鈕註冊一個免費的 ChatGPT 帳號：

接著請輸入您的 Email 帳號。您也可以選擇使用 Google 帳號或 Microsoft 帳號進行註冊登錄。此處讓我們直接示範以接著輸入 Email 帳號的方式來建立帳號，請在下圖視窗中間的文字輸入方塊中輸入要註冊的電子郵件，輸入完畢後，請接著按下「Continue」鈕。

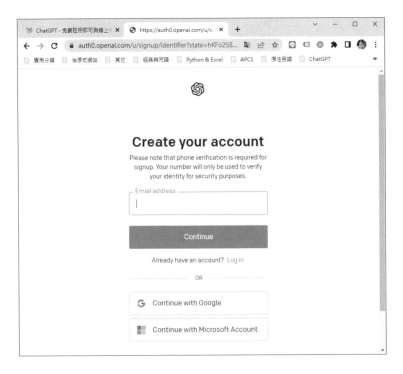

接著如果你是透過 Email 進行註冊，系統會要求輸入一組至少 8 個字元的密碼作為這個帳號的註冊密碼。

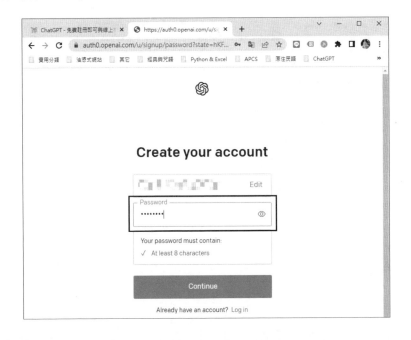

上圖輸入完畢後，接著再按下「Continue」鈕，會出現類似下圖的「Verify your email」的視窗。

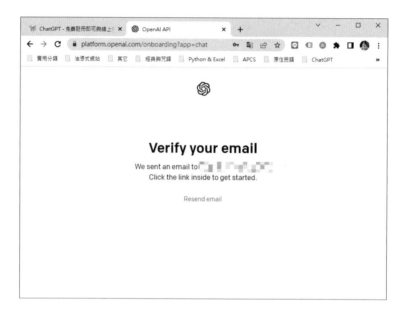

接著各位請打開自己的收發郵件的程式，可以收到如下圖的「Verify your email address」的電子郵件。請各位直接按下「Verify email address」鈕：

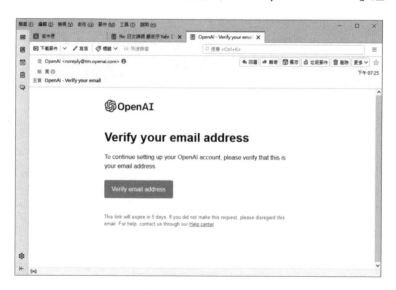

接著會直接進入到下一步輸入姓名的畫面，請注意，這裡要特別補充說明的是，如果你是透過 Google 帳號或 Microsoft 帳號快速註冊登入，那麼就會直接進入到下一步輸入姓名的畫面：

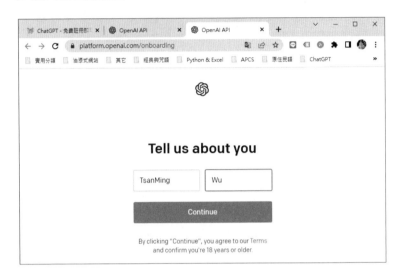

輸入完姓名後，再請接著按下「Continue」鈕，接著就會要求各位輸入你個人的電話號碼進行身分驗證，這是一個非常重要的步驟，如果沒有透過電話號碼來通過身分驗證，就沒有辦法使用 ChatGPT。請注意，下圖輸入行動電話時，請直接輸入行動電話後面的數字，例如你的電話是「0931222888」，只要直接輸入「931222888」，輸入完畢後，記得按下「Send Code」鈕。

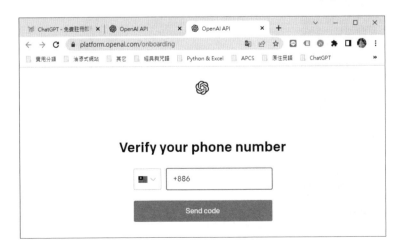

　　大概過幾秒後，各位就可以收到官方系統發送到指定號碼的簡訊，該簡訊會顯示 6 碼的數字。

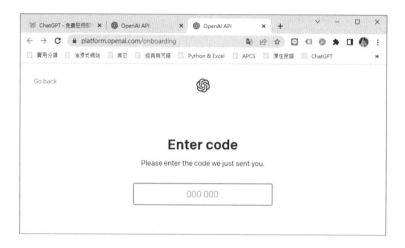

　　各位只要於上圖中輸入手機所收到的 6 碼驗證碼後，就可以正式啟用 ChatGPT。登入 ChatGPT 之後，會看到下圖畫面，在畫面中可以找到許多和 ChatGPT 進行對話的真實例子，也可以了解使用 ChatGPT 有哪些限制。

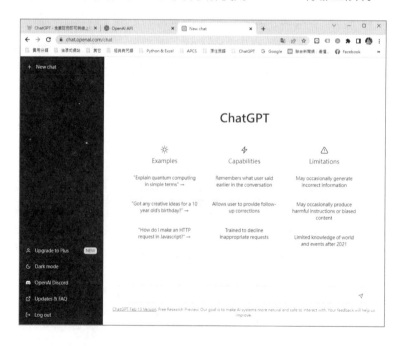

14-1-2 更換新的機器人

你可以藉由這種問答的方式，持續地去和 ChatGPT 對話。如果你想要結束這個機器人，可以點選左側的「New Chat」，他就會重新回到起始畫面，並新開一個新的訓練模型，這個時候輸入同一個題目，可能得到的結果會不一樣。

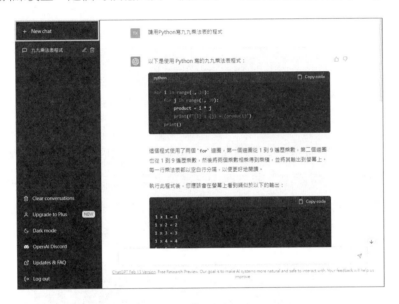

例如下圖中我們還是輸入「請用 Python 寫九九乘法表的程式」，按下「Enter」鍵正式向 ChatGPT 機器人詢問，就可以得到不同的回答結果：

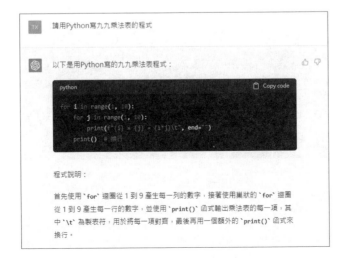

如果要取得這支程式碼，還可以按下回答視窗右上角的「Copy code」鈕，就可以將 ChatGPT 所幫忙撰寫的程式，複製貼上到 Python 的 IDLE 的程式碼編輯器，底下為這一支新的程式在 Python 的執行結果。

```
Python 3.11.0 (main, Oct 24 2022, 18:26:48) [MSC v.1933 64 bit (AMD64)] on win32
Type "help", "copyright", "credits" or "license()" for more information.
========== RESTART: C:/Users/User/Desktop/博碩_CGPT/範例檔/99table-1.py ==========
1 × 1 = 1      1 × 2 = 2      1 × 3 = 3      1 × 4 = 4      1 × 5 = 5      1 × 6 = 6      1 × 7 = 7      1 × 8 = 8      1 × 9 = 9
2 × 1 = 2      2 × 2 = 4      2 × 3 = 6      2 × 4 = 8      2 × 5 = 10     2 × 6 = 12     2 × 7 = 14     2 × 8 = 16     2 × 9 = 18
3 × 1 = 3      3 × 2 = 6      3 × 3 = 9      3 × 4 = 12     3 × 5 = 15     3 × 6 = 18     3 × 7 = 21     3 × 8 = 24     3 × 9 = 27
4 × 1 = 4      4 × 2 = 8      4 × 3 = 12     4 × 4 = 16     4 × 5 = 20     4 × 6 = 24     4 × 7 = 28     4 × 8 = 32     4 × 9 = 36
5 × 1 = 5      5 × 2 = 10     5 × 3 = 15     5 × 4 = 20     5 × 5 = 25     5 × 6 = 30     5 × 7 = 35     5 × 8 = 40     5 × 9 = 45
6 × 1 = 6      6 × 2 = 12     6 × 3 = 18     6 × 4 = 24     6 × 5 = 30     6 × 6 = 36     6 × 7 = 42     6 × 8 = 48     6 × 9 = 54
7 × 1 = 7      7 × 2 = 14     7 × 3 = 21     7 × 4 = 28     7 × 5 = 35     7 × 6 = 42     7 × 7 = 49     7 × 8 = 56     7 × 9 = 63
8 × 1 = 8      8 × 2 = 16     8 × 3 = 24     8 × 4 = 32     8 × 5 = 40     8 × 6 = 48     8 × 7 = 56     8 × 8 = 64     8 × 9 = 72
9 × 1 = 9      9 × 2 = 18     9 × 3 = 27     9 × 4 = 36     9 × 5 = 45     9 × 6 = 54     9 × 7 = 63     9 × 8 = 72     9 × 9 = 81
```

其實，各位還可以透過同一個機器人不斷的向他提問同一個問題，他會基於你前面所提供的問題與回答，換成另外一種角度與方式來回應你原本的問題，就可以得到不同的回答結果，例如下圖是另外一種九九乘法表的輸出外觀：

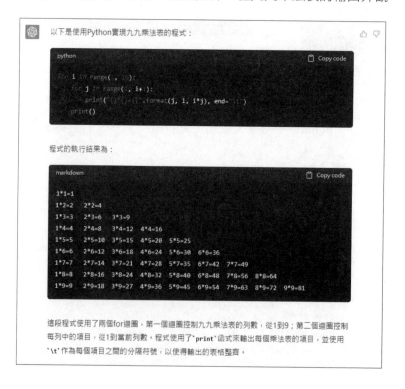

14-2 ChatGPT 與 Google 的強強聯手

接下來我們要介紹一些 ChatGPT 效能和 Google 的擴充實用功能，這些擴充功能為用戶提供更多的便利和價值。如果您已經對 ChatGPT 有了基本的認識，現在就讓我們一起來探索這些擴充功能。

14-2-1 ChatGPT for Google – 側邊欄顯示 ChatGPT 回覆

我們可以加入「ChatGPT for Google」外掛程式，它是一套免費瀏覽器擴充功能，可在 Chrome / Edge / Firefox 三種主要瀏覽器安裝使用，這個外掛的功能是在搜尋引擎的結果頁面側邊欄顯示 ChatGPT 回覆內容，也就是說只要在這些搜尋引擎內輸入關鍵字搜尋，就會在畫面右側看到 ChatGPT 回應資訊，可以幫你快速取得搜尋引擎及 ChatGPT 整理的資訊。

接著就來詳細示範如何在 Chrome 瀏覽器加入「ChatGPT for Google」外掛程式，並示範加入這個外掛程式之後，它給 Google 帶來什麼樣的強大功能。

首先在 Google 瀏覽器的功能表選單中執行「更多工具 / 擴充功能」指令：

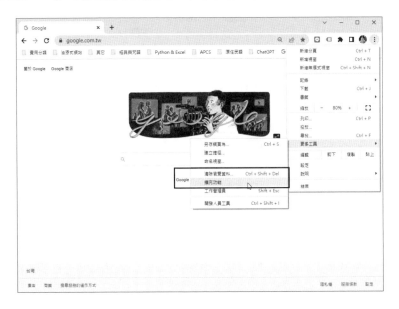

接著按「開啟 Chrome 應用商店」鈕：

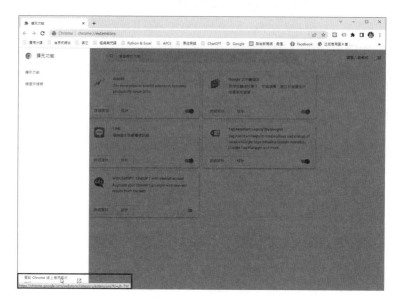

輸入關鍵字「chatgpt for google」：

點選「ChatGPT for Google」擴充功能的圖示鈕：

按一下「加到 Chrome」鈕：

再按「新增擴充功能」

會出現下圖視窗顯示已將「ChatGPT for Google」加到 Chrome。

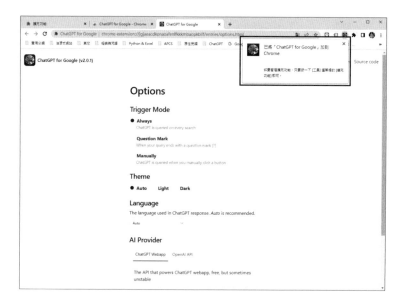

接著在 Google 引擎中輸入要問的問題,例如「請推薦高雄一日遊」,在 Chrome 的右側會先要求登入 OpenAI,請按下「Login On OpenAI」鈕:

登入後再按「Back to Search」鈕:

就可以看到右側已透過 ChatGPT 產生用戶所詢問的問題回答內容，如下圖所示：

各位可以試著輸入另外一個問題，例如：「林書豪是誰」，就可以馬上在右側的 ChatGPT 的回答框中看到回答內容。

另外在「擴充功能」的頁面還提供搜尋功能，如果想移除或暫停某一特定的擴充功能，都可以在這個頁面上進行處理。

14-2-2　網頁外掛程式「WebChatGPT」

這個 ChatGPT 的 Chrome 外掛程式能夠讓你有更好的 AI 體驗，目前 OpenAI 限制了 ChatGPT 聊天機器人檢索資料庫在 2021 年以前的資料，因此當問到較新的知識、科技或議題，對 ChatGPT 聊天機器人或許就不具備回答的能力。

現在我們可以透過 WebChatGPT 這個 Chrome 瀏覽器的外掛，就可以幫助 ChatGPT 從 Google 搜索到即時資料內容，然後根據搜尋結果整理出最後的回答結果。也就是說，使用 WebChatGPT 可以讓你有更多選項可以客製化 ChatGPT 想要的結果。

至於如何在你的 Chrome 瀏覽器安裝 WebChatGPT 外掛程式，首先可以在 Google 搜尋引擎輸入「如何安裝 WebChatGPT」，就可以找到「WebChatGPT: ChatGPT with internet access」網頁，如下圖所示：

請用滑鼠點選該連結，連上該網頁，接著按下圖中的「加到 Chrome」鈕：

出現下圖視窗詢問是否要新增「WebChatGPT: ChatGPT with internet access」
這項外掛程式的擴充功能：

只要直接按上圖的「新增擴充功能」鈕，就可以將「WebChatGPT: ChatGPT
with internet access」加入到 Chrome，完成外掛程式「WebChatGPT」的安裝工
作。如下圖所示：

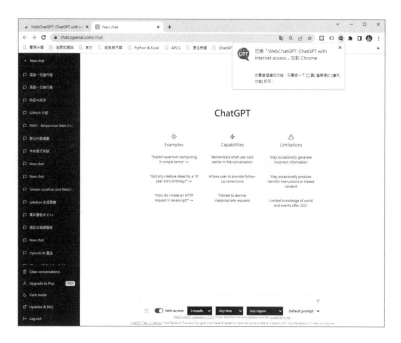

接著我們就以詢問同一問題的實例，來說明在還沒安裝 WebChatGPT 外掛程
式 ChatGPT 的回答內容及安裝了 WebChatGPT 外掛程式 ChatGPT 的回答內容，兩
者之間的差別。

下圖是未安裝 WebChatGPT 前的 ChatGPT 回答內容，各位可以注意到 ChatGPT 的資訊來源來自 2021 年以前，因此它無法回答 2023 年土耳其發生大地震的訊息。

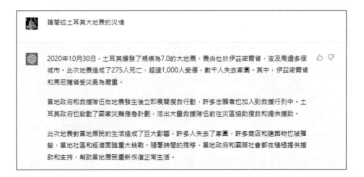

但是安裝 WebChatGPT 後的 ChatGPT 回答內容，就會先列出網頁的搜尋結果，再根據所取得的網頁知識，整理出更符合期待且資訊較新的回答內容。如下圖所示：

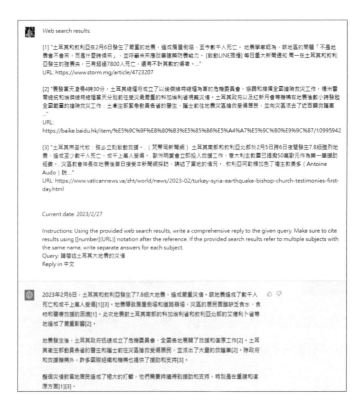

也就是說：「WebChatGPT: ChatGPT with internet access」這個 Chrome 外掛程式會將所搜尋到的網頁查詢結果，結合到 ChatGPT 的回應內容，換個角度來說，結合了 ChatGPT 與 Google 搜尋，就能突破 ChatGPT 只能整理學習 2021 年以前資料的限制。

各位應該注意到，當你安裝完 WebChatGPT，請打開你的 ChatGPT 平台，會發現對話框下已經出現了「Search on the web」，以及「Any Time」「Any Region」等多個選項，這些選項的意義分別告知 ChatGPT 聊天機器人要從多少個搜尋結果來回答、所設定的時間及地區範圍為何？

14-2-3　ChatGPT Prompt Genius（ChatGPT 智慧提示）

如果你想將與 ChatGPT 的對話內容儲存起來，這種情況下就可以安裝「ChatGPT Prompt Genius（ChatGPT 智慧提示）」，它可以將與 ChatGPT 的互動方式儲存成圖檔或 PDF 文字檔。當安裝了這個外掛程式之後，在 ChatGPT 的提問環境的左側就會看到「Share & Export」功能，按下該功能表單後，可以看到四項指令，分別為「Download PDF」、「Download PNG」、「Export md」、「Share Link」，如下圖所示：

其中「Download PDF」指令可以將回答內容儲存成 PDF 文件。

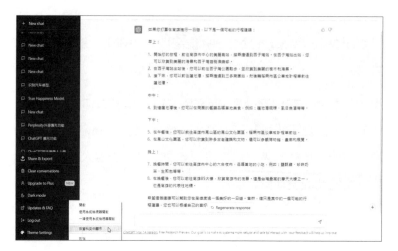

其中「Download PNG」指令可以將回答內容儲存成 PNG，方便各位可以按滑鼠右鍵，並在快顯功能表中選擇「另存圖片」指令將內容是 PNG 圖片格式保存。

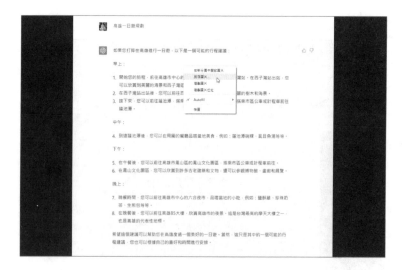

如果想要分享連結,則可以執行「Share Link」指令:

14-2-4 Perplexity(問問題)

Perplexity 可以讓你在瀏覽網頁時,對想要理解的問題,得到即時的摘要,當您有問題時,向 Perplexity 提問,並用引用的參考來源給您寫一個快速答案,並註明出處。也就是說 Perplexity 可以為你正在瀏覽一個頁面,它將立即為你總結。

首先請在「chrome 線上應用程式商店」輸入關鍵字「Perplexity」,接著點選「Perplexity – Ask AI」擴充功能:

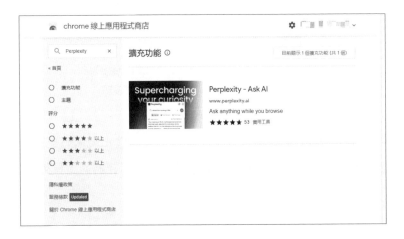

接著會出現下圖畫面，請按下「加到 Chrome」鈕：

出現下圖視窗後，再按「新增擴充功能」鈕：

出現已將這個擴充應用功能加到 Chrome 瀏覽器的視窗：

接著請按下 Chrome 瀏覽器的「擴充功能」鈕，會出現所有已安裝擴充功能的選單，我們可以按 📌 鈕，將這個外掛程式固定在瀏覽器的工具列上：

當該圖釘圖示鈕變更成 📌 外觀時，就可以將這個擴充功能固定在工具列之上：

接著在瀏覽網頁時，在工具列按一下「Perplexity – Ask AI」擴充功能的工具鈕 ，就可以啟動提問框，只要在提問框輸入要詢問的問題，例如下圖中筆者輸入的「博碩文化」，就可以依所設定的查詢範圍找到相關的回答，各位可以設定的查詢範圍包括：「Internet」、「This Domain」、「This Page」。如下圖所示：

14-2-5　YouTube Summary with ChatGPT（影片摘要）

「YouTube Summary with ChatGPT」是一個免費的 Chrome 擴充功能，可讓您透過 ChatGPT AI 技術快速觀看的 YouTube 影片的摘要內容，有了這項擴充功能，能節省觀看影片的大量時間，加速學習。另外，您可以通過在 YouTube 上瀏覽影片時，點擊影片縮圖上的摘要按鈕，來快速查看影片摘要。

首先請在「chrome 線上應用程式商店」輸入關鍵字「YouTube Summary with ChatGPT」，接著點選「YouTube Summary with ChatGPT」擴充功能：

接著會出現下圖畫面，請按下「加到 Chrome」鈕：

出現下圖視窗後,再按「新增擴充功能」鈕:

完成安裝後,各位可以先看一下有關「YouTube Summary with ChatGPT」擴充功能的影片介紹,就可以大概知道這個外掛程式的主要功能及使用方式:

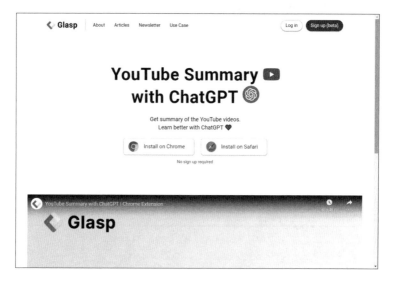

接著我們就以實際例子來示範如何利用這項外掛程式的功能,首先請連上 YouTube 觀看想要快速摘要了解的影片,接著按「YouTube Summary with ChatGPT」擴充功能右方的展開鈕:

就可以看到這支影片的摘要說明,如下圖所示:

網址:youtube.com/watch?v=s6g68rXh0go

在上圖中各位可以看到一個工具列 ，由左到右的功能分別為「View AI Summary」、「Jump to Current Time」、「Copy Transcript（Plain Text）」三項功能。其中「View AI Summary」鈕會啟動 ChagGPT 來查看該影片的摘要功能，如下圖所示：

其中「Jump to Current Time」鈕則會直接跳到目前影片播放位置的摘要文字說明，如下圖所示：

而「Copy Transcript（Plain Text）」鈕則會複製摘要說明的純文字檔，各位可以依自己的需求貼上到指定的文字編輯器來加以應用。例如下圖為摘要文字內容貼到 Word 文書處理軟體的畫面。

其實 YouTube Summary with ChatGPT 這款擴充功能，它的原理就是將 YouTube 影片字幕提供給 ChatGPT，而 AI 聊天機器人 ChatGPT，就可以根據這個字幕的文字內容，快速摘要出這支影片的主要重點。

在方框旁有一個複製的按鈕，就可以將文字丟入 ChatGPT，ChatGPT 就會幫我們摘要一段英文。如下圖所示：

> In this video, Dr. Arthur Brooks, a Harvard professor, discusses the misconception that many people have about happiness. He argues that the common model of satisfaction, which suggests that working hard, making money, being successful, admired, and envied will lead to happiness, is wrong.
>
> Dr. Brooks explains that research shows that money does not actually bring happiness. Instead, it may only lower unhappiness temporarily. People often mistake lower unhappiness for higher happiness and believe that more money will make them happier. However, this is not the case.
>
> According to Dr. Brooks, true happiness comes from being in the zone of what you love to do and what you appreciate most in life. It has to do with being in line with your own values and living according to your own integrity. He quotes Carl Jung, who believed that to be happy, you need to understand your own values and live according to them.
>
> Dr. Brooks encourages people to find what they truly love to do and to pursue that, rather than chasing extrinsic lures like money, power, pleasure, and fame. He believes that people who live outside their groove and do not follow their own values are never in equilibrium and are never truly comfortable in their own skin.
>
> Overall, Dr. Brooks argues that true happiness comes from being true to yourself and doing what you love, rather than from external factors like money or status.

接著我們再輸入「請將上述英文翻譯成繁體中文」，就可以馬上翻譯成如下的成果：

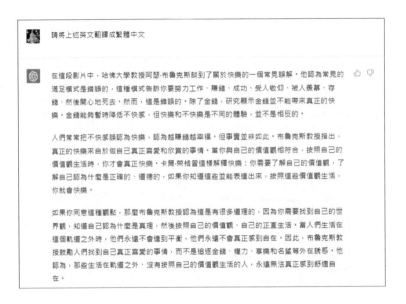

如果你已經拿到 New Bing 的權限的話，可以直接使用 New Bing 上面的問答引擎，輸入「請幫我摘要這個網址影片：https://www.youtube.com/watch?v=s6g68rXh0go」，萬一如果輸入 YouTube 上瀏覽器的網址，沒有成功，建議影片的網址改放 YouTube 上面分享的短網址，例如：「請幫我摘要這個網址影片：https://youtu.be/s6g68rXh0go」，也能得到這支影片的摘要。

14-2-6 Summarize 摘要高手

Summarize 擴充功能是使用 OpenAI 的 ChatGPT 對任何文章進行總結。Summarize 這個 AI 助手可以幫助您立即摘要文章或文字。使用 Summarize 擴充功能,只要透過滑鼠的點擊就可以取得任何頁面的主要思想,而且可以不用離開頁面,這些頁面的內容可以是閱讀新聞、文章、研究報告或是部落格。Summarize 擴充功能具備人工智慧(由 ChatGPT 提供支持)的摘要能力不斷地精進,可以提供全面且高質量供準確可靠的摘要。

要安裝 Summarize 擴充功能,首先請在「chrome 線上應用程式商店」輸入關鍵字「Summarize」,接著點選「Summarize」擴充功能:

接著會出現下圖畫面,請按下「加到 Chrome」鈕:

我們可以按 🔽 鈕，將這個外掛程式固定在瀏覽器的工具列上，當該圖釘鈕圖示變更成 📌 外觀時，就可以將這個擴充功能固定在工具列之上，如下圖所示：

當各位在工具列上按下 🔲 鈕啟動 Summarize 擴充功能時，會先要求登入 OpenAI ChatGPT，如下圖所示：

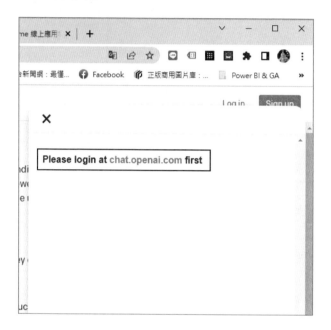

當用戶登入 ChatGPT 之後，以後只要在所瀏覽的網頁按下 🔲 圖示鈕啟動 Summarize 擴充功能時，這時候就會請求 OpenAI ChatGPT 的回應，之後就以快速透過 Summarize 這個 AI 助手立即摘要該網頁內容或部落格文章，如下列二圖所示：

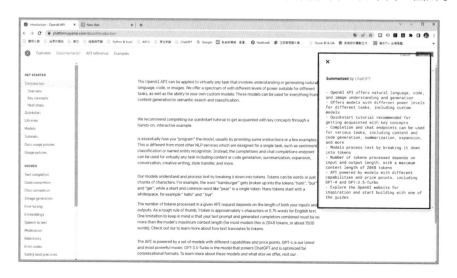

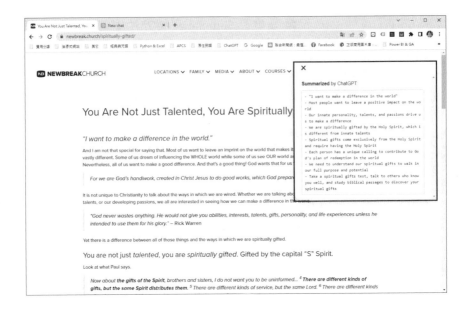

14-3 在 Google 文件與試算表使用 ChatGPT

GPT for Sheets ™ 和 Docs ™ 是一個用於 Google Sheets ™ 和 Google Docs ™ 的 AI 寫作工具，這個擴充功能完全免費使用的。它允許您直接在 Google Sheets ™ 和 Docs ™ 中使用 ChatGPT。它建立在 OpenAI ChatGPT、GPT-3 和 GPT-4 模型之上。您可以用它來執行各種文字任務：寫作、編輯、提取、清理、翻譯、摘要、概述、解釋等。

在本節中，我們將介紹如何在 Google 文件和試算表中使用 ChatGPT。我們將引導您完成安裝 GPT for Sheets and Docs 擴充工具，取得 OpenAI API 金鑰並在 Google 文件和試算表中進行相應的設定，讓您能夠輕鬆地在這些平台中使用 ChatGPT 的強大功能。

14-3-1 安裝 GPT for Sheets and Docs 擴充工具

在本小節中，我們將指導您如何安裝 GPT for Sheets and Docs 擴充工具。這個擴充工具可以讓您在 Google 文件和試算表中輕鬆地使用 ChatGPT 模型。我們將提供逐步的操作指南，確保您能順利完成安裝過程。您可以按照以下步驟安裝 GPT for Sheets and Docs 擴充工具：

在 Google 輸入關鍵字「GPT for Sheets and Docs」：

找到 GPT for Sheets and Docs 的超連結：

看到這個視窗後點選「安裝」按鈕：

這邊按「繼續」:

之後選擇目前打算使用的帳號:

按下「允許」鈕：

請再按「繼續」鈕：

這樣就安裝完了，最後按下「完成」。

14-3-2　取得 OpenAI API 金鑰

在本小節中，我們將向您示範如何取得 OpenAI API 金鑰。這個 API 金鑰是連接 GPT 模型所需的關鍵，讓您能夠在 Google 文件和試算表中使用 ChatGPT 功能。我們將解釋申請 API 金鑰的過程並提供相關的注意事項。您可以按照以下步驟取得 OpenAI API 金鑰：

首先請先到 OpenAI 申請 OpenAI 帳號。

https://openai.com/

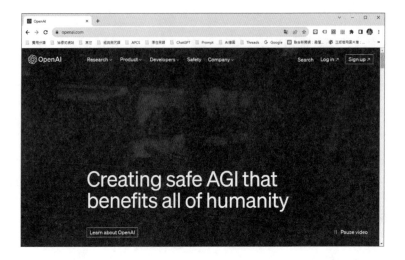

如果已申請好 OpenAI 帳號，在上圖中按下「Log in」鈕，會出現下圖，接著選「API」。

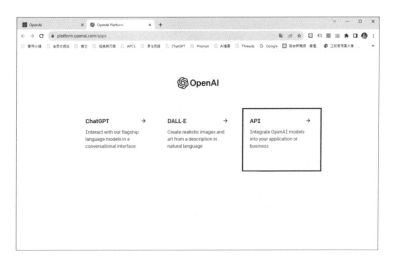

會出現下圖的「Welcome to the OpenAI platform」的歡迎畫面,如下圖所示:

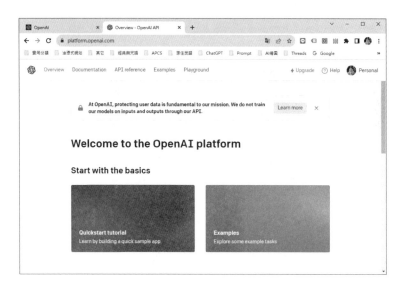

接著請按下個人帳號圖示鈕,並在下拉式清單中選擇「View API keys」:

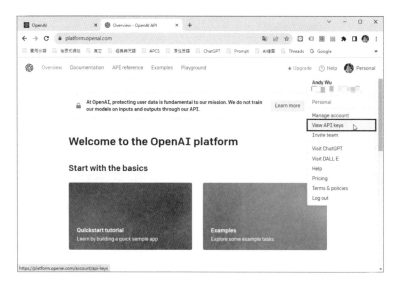

再按下「Create new secret key」鈕。

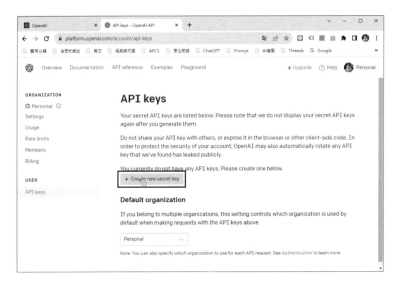

接著會出現下圖畫面，請接著按「Create secret key」鈕建立新密鑰：

會現在您的新 OpenAI API 金鑰已被建立，因為這個畫面只出現一次，所以請記得先將這個金鑰複製到自己的文件檔案紀錄起來，以便將來要設定金鑰時會使用到。此處各位可以先按下金鑰右側的複製鈕將金鑰複製起來。

14-3-3　在 Google 文件中設定 OpenAI API 金鑰

在本小節中,我們將逐步指導您在 Google 文件中設定 OpenAI API 金鑰。我們將提供清晰的指示,讓您輕鬆地將 API 金鑰與 Google 文件進行整合。

要在 Google 文件中設定 OpenAI API 金鑰,首先請在您的「Google 雲端硬碟」先新增一份 Google 文件檔案,接著執行「擴充功能 /GPT for Sheest TM and Docs TM/Set API key」指令,如下圖所示:

按下「Ctrl+V」快速鍵將剛才複製的 API key 貼入中間的文字方塊,各位可以先按下「Check」來驗證這個 API key 是否有效?

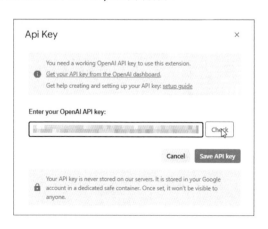

如果檢查沒有問題，就可以按下「Save API key」鈕完成設定工作。

14-4 在 Google 文件中輔助使用 ChatGPT

本節將介紹如何在 Google 文件中輔助使用 ChatGPT，進一步提升您的工作效率和文件處理能力。透過與 ChatGPT 的整合，您將享受到更高效的文件編寫、資料分析和專題報告規劃等多種優勢。

14-4-1 開啟側邊欄（Launch sidebar）

在本小節中，我們將向您示範如何在 Google 文件中開啟 GPT for Sheets and Docs 的側邊欄。這個側邊欄提供了方便快捷的方式來與 ChatGPT 進行互動，讓您能夠即時生成文字、提問問題或進行專題報告的大綱規劃。我們將詳細解釋開啟側邊欄的步驟，確保您能輕鬆地啟用這個便利功能。

要開啟側邊欄（Launch sidebar），請執行「擴充功能 /GPT for Sheest TM and Docs TM/Launch」指令：

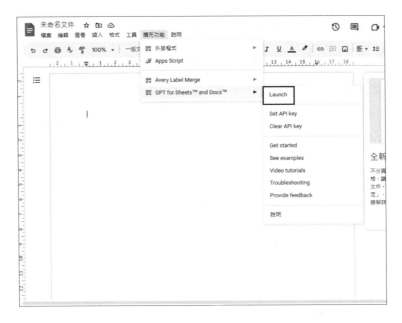

接著就可以在視窗的右側開啟側邊欄（Launch sidebar），如下圖所示：

14-4-2　請 ChatGPT 規劃專題報告大綱

在本小節中，我們將引導您如何請 ChatGPT 幫助您規劃專題報告的大綱。我們將示範如何提供關鍵訊息給 ChatGPT，以便它能夠根據您的需求生成具有邏輯性和組織性的專題報告大綱。這將節省您大量的時間和精力，讓您能更專注於內容的創作和發展。

要請 ChatGPT 規劃專題報告大綱，只要在提示框（Prompt）輸入提問內容，接著接下「Submit」鈕，就可以馬上在 Google 文件中產生 GPT 的回答內容：

提示詞：

> 請幫我規劃人工智慧為人類帶來的好處與隱憂的專題報告大綱

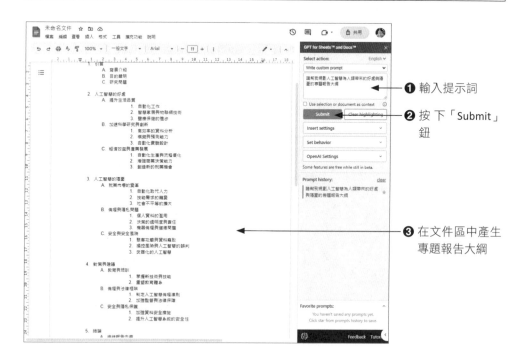

❶ 輸入提示詞

❷ 按下「Submit」鈕

❸ 在文件區中產生專題報告大綱

14-5 在 Google 試算表中輔助使用 ChatGPT

在本節中，我們將介紹如何在 Google 試算表中輔助使用 ChatGPT，讓您的資料處理工作更加高效和便捷。我們將引導您一步一步啟用 GPT 函數、了解其基本功能，並透過實例說明，示範如何在試算表中利用 ChatGPT 進行資料擷取、排序、篩選和翻譯等多項操作。

14-5-1 在 Google 試算表啟動 GPT 函數

在本小節中，我們將向您示範如何在 Google 試算表中啟動 GPT 函數，讓 ChatGPT 的強大功能與您的試算表完美結合。這將使您能夠在試算表中快速生成文字、進行語言理解等自然語言處理任務。我們將提供清晰的步驟和操作指南，確保您能輕鬆啟用 GPT 函數。要在 Google 試算表啟動 GPT 函數，步驟如下：

首先請在您的「Google 雲端硬碟」先新增一份 Google 試算表檔案，接著執行「擴充功能 /GPT for Sheest TM and Docs TM/Enable GPT functions」指令，如下圖所示：

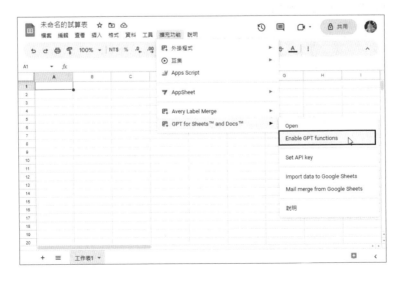

出現下圖的說明對話方塊，告知使用者已成功在 Google 試算表啟動 GPT 函數，請接著按下「確定」鈕。

接著各位可以在 A1 儲存格輸入「=gpt」，就可以看到目前可以使用的 GPT 函數，而此處輸入的 GPT 函數的功能是在單個儲存格中獲取 ChatGPT 的結果。如下圖所示：

繼續輸入完成的函數，例如「=gpt("誰是王建民")」，如下圖所示：

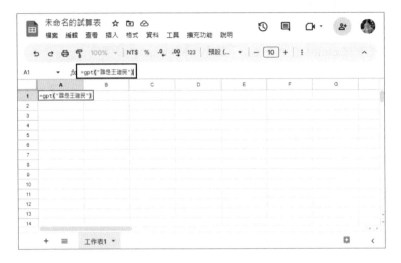

按下「Enter」鍵，就會直接在 A1 儲存格中產生 GPT 的回答內容：

TIPS OpenAI API 使用額度查詢

您可以透過以下步驟查看 OpenAI API 使用額度：

1. 登錄到您的 OpenAI 帳戶，並進入您的「API Keys」頁面：

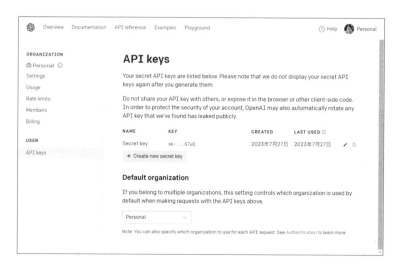

2. 接著切換到「Usage」頁面，在該頁面上，您可以查看當前和過去的每月計費
   週期中您帳戶的配額使用情況。

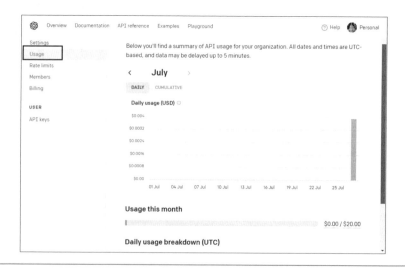

14-5-2 GPT 函數簡介

在本小節中，我們將對 GPT 函數進行簡介。GPT 函數是與 ChatGPT 模型相關的一系列功能，能夠實現資料處理、文字生成等多種任務。在 GPT for Sheets ™ 和 Docs ™ AI 寫作工具的擴充功能（或稱外掛程式）提供了許多簡單的自定義函數，例如：

- GPT：在單個儲存格中獲取 ChatGPT 的結果

- GPT_LIST：在一列中獲取多個結果（每個儲存格一個項目）

- GPT_TABLE：從提示中獲取項目表

- GPT_FILL：從範例填充範圍

- GPT_FORMAT：將表格資料清理成相同的格式

- GPT_EXTRACT：從表格資料中提取實體

- GPT_EDIT：編輯表格內容

- GPT_SUMMARIZE：摘要表格內容

- GPT_CLASSIFY：將表格內容分類到單一類別

- GPT_TAG：將標籤應用於表格內容

- GPT_TRANSLATE：翻譯表格內容

- GPT_CONVERT：從表格轉換為 csv、html、json、xml 等

- GPT_MAP：映射兩列值。

這些函數可以幫助您完成一些任務，例如：

- 生成部落格文章想法

- 寫整段文字或程式

- 清理姓名、地址、電子郵件或公司列表、日期、貨幣金額、電話號碼

- 使用情感分析或功能分類對評論列表進行分類

- 摘要評論

- 編寫對在線評論的回覆

- 處理 Google 廣告、Facebook 廣告等

- 處理 SEO 標題、描述

- 處理登陸頁面副本

- 管理和清理用於電子商務商店的產品目錄

- 翻譯工作

接下來的介紹重點，我們將以 GPT() 及 GPT_LIST() 兩個函數，以實例來示範如何透過 GPT 函數的幫助，讓各位以自然語言的方式協助進行資料提取、資料排序、資料篩選、首字大寫及全部大寫、資料翻譯等工作。

14-5-3 實例一：資料篩選

在本小節中，我們將透過一個實例說明如何使用 ChatGPT 在 Google 試算表中進行資料篩選。這將幫助您從大量資料中篩選出所需訊息，節省您處理資料的時間和精力。我們將提供具體的步驟和操作示範，確保您能順利完成資料擷取任務。

【原始工作表】（資料來源試算表：成績查詢 .xlsx）

	A	B	C	D
1	姓名	科目	分數	
2	Alice	數學	85	查詢90分以上的同學
3	Bob	英文	70	
4	Alice	英文	90	
5	Charlie	數學	95	
6	Bob	數學	75	
7	Charlie	英文	80	

【輸入函數指令】在 E2 儲存格輸入下列函數

=GPT("查詢成績90分以上",A1:C7)

【執行結果】

各位會發現 GPT 的回答內容會出現在 E2 儲存格中。如果我們希望將這些的回答內容分別存放在不同的儲存格，必須改用 =GPT_LIST() 函數。

【輸入函數指令】

=GPT_LIST("查詢成績90分以上",A1:C7)

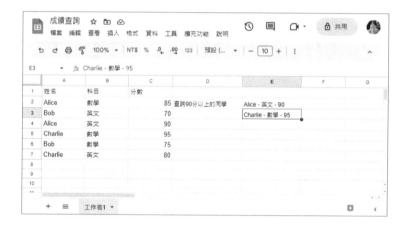

【執行結果】

14-5-4 實例二：資料排序

在本小節中，我們將透過一個實例示範如何使用 ChatGPT 在 Google 試算表中進行資料排序。這將幫助您快速對資料進行排序，從而更好地理解和分析資料。我們將提供具體的步驟和排序範例，讓您能輕鬆地應用排序功能。

【原始工作表】（資料來源試算表：資料排序 .xlsx）

	A 產品編號	B 產品名稱	C 售價	D 銷售量	E	F 排序結果
2	P001	iPhone 12	12000	500		
3	P002	Samsung Galaxy S21	11000	400		
4	P003	Sony PlayStation 5	25000	300		
5	P004	Nike Air Max 90	3500	800		
6	P005	Canon EOS R5	20000	200		
7	P006	MacBook Pro	18000	350		
8	P007	Adidas Ultraboost	2800	600		
9	P008	Xbox Series X	23000	250		
10	P009	Sony WH-1000XM4	4500	500		
11	P010	Samsung 4K Smart TV	15000	400		
12	P011	Gucci GG Marmont Bag	12000	150		
13	P012	Dyson V11 Vacuum Cleane	9000	300		
14	P013	Apple AirPods Pro	5500	700		
15	P014	LG OLED TV	18000	180		
16	P015	Rolex Submariner Watch	35000	100		
17	P016	Nintendo Switch	8000	400		
18	P017	Bose QuietComfort 35 II	3800	600		
19	P018	Dell XPS 15 Laptop	15000	250		
20	P019	Fender Stratocaster Guitar	10000	120		
21	P020	Hermès Birkin Bag	25000	80		

【輸入函數指令】

=GPT_LIST("依銷售量由大到小排序",A1:D21)

	A 產品編號	B 產品名稱	C 售價	D 銷售量	E	F 排序結果	G	H
2	P001	iPhone 12	12000	500		=GPT_LIST("依銷售量由大到小排序",A1:D21)		
3	P002	Samsung Galaxy S21	11000	400				
4	P003	Sony PlayStation 5	25000	300				
5	P004	Nike Air Max 90	3500	800				
6	P005	Canon EOS R5	20000	200				
7	P006	MacBook Pro	18000	350				
8	P007	Adidas Ultraboost	2800	600				
9	P008	Xbox Series X	23000	250				
10	P009	Sony WH-1000XM4	4500	500				
11	P010	Samsung 4K Smart TV	15000	400				
12	P011	Gucci GG Marmont Bag	12000	150				
13	P012	Dyson V11 Vacuum Cleane	9000	300				
14	P013	Apple AirPods Pro	5500	700				
15	P014	LG OLED TV	18000	180				
16	P015	Rolex Submariner Watch	35000	100				
17	P016	Nintendo Switch	8000	400				
18	P017	Bose QuietComfort 35 II	3800	600				
19	P018	Dell XPS 15 Laptop	15000	250				
20	P019	Fender Stratocaster Guitar	10000	120				
21	P020	Hermès Birkin Bag	25000	80				

【執行結果】

	A	B	C	D	E	F
	產品編號	產品名稱	售價	銷售量		排序結果
2	P001	iPhone 12	12000	500		P004 - Nike Air Max 90 - 3500 - 800
3	P002	Samsung Galaxy S21	11000	400		P013 - Apple AirPods Pro - 5500 - 700
4	P003	Sony PlayStation 5	25000	300		P007 - Adidas Ultraboost - 2800 - 600
5	P004	Nike Air Max 90	3500	800		P017 - Bose QuietComfort 35 II - 3800 - 600
6	P005	Canon EOS R5	20000	200		P001 - iPhone 12 - 12000 - 500
7	P006	MacBook Pro	18000	350		P009 - Sony WH-1000XM4 - 4500 - 500
8	P007	Adidas Ultraboost	2800	600		MacBook Pro - 18000 - 350
9	P008	Xbox Series X	23000	250		P002 - Samsung Galaxy S21 - 11000 - 400
10	P009	Sony WH-1000XM4	4500	500		P010 - Samsung 4K Smart TV - 15000 - 400
11	P010	Samsung 4K Smart TV	15000	400		P016 - Nintendo Switch - 8000 - 400
12	P011	Gucci GG Marmont Bag	12000	150		P003 - Sony PlayStation 5 - 25000 - 300
13	P012	Dyson V11 Vacuum Cleane	9000	300		P012 - Dyson V11 Vacuum Cleaner - 9000 - 300
14	P013	Apple AirPods Pro	5500	700		P008 - Xbox Series X - 23000 - 250
15	P014	LG OLED TV	18000	180		P018 - Dell XPS 15 Laptop - 15000 - 250
16	P015	Rolex Submariner Watch	35000	100		P005 - Canon EOS R5 - 20000 - 200
17	P016	Nintendo Switch	8000	400		P014 - LG OLED TV - 18000 - 180
18	P017	Bose QuietComfort 35 II	3800	600		P011 - Gucci GG Marmont Bag - 12000 - 150
19	P018	Dell XPS 15 Laptop	15000	250		P019 - Fender Stratocaster Guitar - 10000 - 120
20	P019	Fender Stratocaster Guitar	10000	120		P015 - Rolex Submariner Watch - 35000 - 100
21	P020	Hermès Birkin Bag	25000	80		P020 - Hermès Birkin Bag - 25000 - 80

14-5-5 實例三：資料提取

在本小節中，我們將透過一個實例說明如何使用 ChatGPT 在 Google 試算表中進行資料提取。

【原始工作表】（資料來源試算表：資料提取 .xlsx）

	A	B
1	張三0912-345-678	
2	李四0923-456-789	
3	王五0934-567-890	
4	陳小明0945-678-901	
5	林大維0956-789-012	
6	許美美0967-890-123	
7	趙小芳0978-901-234	
8	吳大威0989-012-345	
9	鄭中華0910-123-456	
10	蘇佳琳0921-234-567	
11	朱明哲0932-345-678	
12	曾鄭美玲0943-456-789	
13	鍾正宏0954-567-890	
14	葉淑敏0965-678-901	
15	陸俊傑0976-789-012	
16	郭李怡君0987-890-123	
17	薛偉成0998-901-234	
18	賴宛儒0912-345-678	
19	周佩芬0923-456-789	
20	高陳翊庭0934-567-890	

【輸入函數指令】

=GPT_LIST("請取出純數字的電話號碼",A1:A20)

B1	▼	*fx*	=GPT_LIST("請取出純數字的電話號碼",A1:A20)	
	A		B	C
1	張三0912-345-678		=GPT_LIST("請取出純數字的電話號碼",A1:A20)	
2	李四0923-456-789			
3	王五0934-567-890			
4	陳小明0945-678-901			
5	林大維0956-789-012			
6	許美美0967-890-123			
7	趙小芳0978-901-234			
8	吳大威0989-012-345			
9	鄭中華0910-123-456			
10	蔡佳琳0921-234-567			
11	朱明哲0932-345-678			
12	曾鄭美玲0943-456-789			
13	鍾正宏0954-567-890			
14	葉淑敏0965-678-901			
15	陸俊傑0976-789-012			
16	郭李怡君0987-890-123			
17	薛偉成0998-901-234			
18	賴宛儒0912-345-678			
19	周佩芬0923-456-789			
20	高陳翊庭0934-567-890			

【執行結果】

	A	B
1	張三0912-345-678	0912-345-678
2	李四0923-456-789	0923-456-789
3	王五0934-567-890	0934-567-890
4	陳小明0945-678-901	0945-678-901
5	林大維0956-789-012	0956-789-012
6	許美美0967-890-123	0967-890-123
7	趙小芳0978-901-234	0978-901-234
8	吳大威0989-012-345	0989-012-345
9	鄭中華0910-123-456	0910-123-456
10	蔡佳琳0921-234-567	0921-234-567
11	朱明哲0932-345-678	0932-345-678
12	曾鄭美玲0943-456-789	0943-456-789
13	鍾正宏0954-567-890	0954-567-890
14	葉淑敏0965-678-901	0965-678-901
15	陸俊傑0976-789-012	0976-789-012
16	郭李怡君0987-890-123	0987-890-123
17	薛偉成0998-901-234	0998-901-234
18	賴宛儒0912-345-678	0912-345-678
19	周佩芬0923-456-789	0923-456-789
20	高陳翊庭0934-567-890	0934-567-890

14-5-6 實例四：首字大寫及全部大寫

在本小節中，我們將透過一個實例說明如何使用 ChatGPT 在 Google 試算表中進行首字大寫及全部大寫的轉換工作。

【原始工作表】（資料來源試算表：大寫 .xlsx）

	A	B	C	D
1	姓名	首字大寫	國籍縮寫	國籍縮寫大寫
2	tsanming		roc	
3	michael		usa	
4	tetsuro		jp	
5	rohit		ko	

【輸入函數指令】

=GPT_LIST(" 首字大寫 ",A2:A5)

B2	▼	fx	=GPT_LIST(" 首字大寫 ",A2:A5)		
	A		B	C	D
1	姓名		首字大寫	國籍縮寫	國籍縮寫大寫
2		=GPT_LIST(" 首字大寫 ",A2:A5)			
3	michael			usa	
4	tetsuro			jp	
5	rohit			ko	

【執行結果】

	A	B	C	D
1	姓名	首字大寫	國籍縮寫	國籍縮寫大寫
2	tsanming	Tsanming	roc	
3	michael	Michael	usa	
4	tetsuro	Tetsuro	jp	
5	rohit	Rohit	ko	

【輸入函數指令】

=GPT_LIST("全部大寫",C2:C5)

D2	▼	*fx*	=GPT_LIST("全部大寫",C2:C5)		
	A	B	C	D	E
1	姓名	首字大寫	國籍縮寫	國籍縮寫大寫	
2	tsanming	Tsanming		=GPT_LIST("全部大寫",C2:C5)	
3	michael	Michael	usa		
4	tetsuro	Tetsuro	jp		
5	rohit	Rohit	ko		

【執行結果】

	A	B	C	D
1	姓名	首字大寫	國籍縮寫	國籍縮寫大寫
2	tsanming	Tsanming	roc	ROC
3	michael	Michael	usa	USA
4	tetsuro	Tetsuro	jp	JP
5	rohit	Rohit	ko	KO

14-5-7　實例五：資料翻譯

在本小節中，我們將透過一個實例說明如何使用 ChatGPT 在 Google 試算表中進行資料翻譯。這將使您能夠快速翻譯不同語言的資料，拓展您的跨語言交流和理解能力。我們將提供具體的翻譯範例和步驟，讓您能順利完成資料翻譯任務。

【原始工作表】（資料來源試算表：翻譯 .xlsx）

	A	B
1	中文句子	英文翻譯
2	衛生局近期發布了一份關於疫情防範的指導方針。	
3	請不要在公共場合放屁，這是不禮貌的行為。	
4	傳說中巫師擁有神秘的魔法力量。	
5	我喜歡在舒適的床上休息。	
6	請按照順序來填寫這份問卷調查。	
7	奶奶的家位於一條安靜的巷弄中。	
8	這個物體的形狀非常特別。	
9	叔叔決定戒除抽菸，以改善健康狀況。	
10	這個慈善機構致力於扶持弱勢團體。	
11	這批貨物已經準備好出貨了。	

【輸入函數指令】

=GPT_LIST("將句子翻譯成英文",A2:A5)

B2	▼	*fx*	=GPT_LIST("將句子翻譯成英文",A2:A11)	
	A		B	
1	中文句子		英文翻譯	
2	衛生局近期發布了一份關於疫情防範的指導方針。		=GPT_LIST("將句子翻譯成英文",A2:A11)	
3	請不要在公共場合放屁，這是不禮貌的行為。			
4	傳說中巫師擁有神秘的魔法力量。			
5	我喜歡在舒適的床上休息。			
6	請按照順序來填寫這份問卷調查。			
7	奶奶的家位於一條安靜的巷弄中。			
8	這個物體的形狀非常特別。			
9	叔叔決定戒除抽菸，以改善健康狀況。			
10	這個慈善機構致力於扶持弱勢團體。			
11	這批貨物已經準備好出貨了。			

【執行結果】

	A	B
1	中文句子	英文翻譯
2	衛生局近期發布了一份關於疫情防範的指導方針。	The Health Bureau recently issued a set of guidelines on epidemic prevention.
3	請不要在公共場合放屁，這是不禮貌的行為。	Please refrain from farting in public as it is considered impolite behavior.
4	傳說中巫師擁有神秘的魔法力量。	Wizards are said to possess mysterious magical powers.
5	我喜歡在舒適的床上休息。	I enjoy resting in a comfortable bed.
6	請按照順序來填寫這份問卷調查。	Please fill out this questionnaire in order.
7	奶奶的家位於一條安靜的巷弄中。	Grandma's house is located in a quiet alley.
8	這個物體的形狀非常特別。	The shape of this object is very unique.
9	叔叔決定戒除抽菸，以改善健康狀況。	Uncle has decided to quit smoking to improve his health condition.
10	這個慈善機構致力於扶持弱勢團體。	This charity organization is dedicated to supporting vulnerable groups.
11	這批貨物已經準備好出貨了。	This batch of goods is ready for shipment.